国家自然科学基金项目（52302313）
盐城市基础研究计划项目（YCBK2023007）

金属有机框架材料

及其在超级电容器中的应用

张义东 ◎ 著

JIN SHU YOU JI KUANG JIA CAI LIAO JI QI ZAI CHAO JI

DIAN RONG QI ZHONG DE YING YONG

华中科技大学出版社
http://press.hust.edu.cn
中国·武汉

内 容 简 介

本书内容涉及超级电容器储能研究现状、金属有机框架（MOF）材料的开发应用以及 MOF 材料在超级电容器领域的应用等。本书重点介绍了原始 MOF 材料和 MOF 衍生材料的结构调控方法，及这些材料在超级电容器中的电荷储存机制和性能优化规律；探讨了新兴的 MOF 材料的合成与设计策略，展望了 MOF 材料在超级电容器领域的市场前景以及未来研究方向。

本书可作为从事储能系统研究的技术人员的参考用书，也可作为材料能源类专业本科或者研究生的教材。

图书在版编目（CIP）数据

金属有机框架材料及其在超级电容器中的应用/张义东著.—武汉：华中科技大学出版社，2024.3

ISBN 978-7-5772-0698-1

Ⅰ．①金…　Ⅱ．①张…　Ⅲ．①金属复合材料-应用-电容器-研究　Ⅳ．①TG147　②TM53

中国国家版本馆 CIP 数据核字（2024）第 065059 号

金属有机框架材料及其在超级电容器中的应用　　　　　　　　　　　　　　张义东　著

Jinshu Youji Kuangjia Cailiao ji Qi zai Chaoji Dianrongqi zhong de Yingyong

策划编辑：张　毅
责任编辑：郭星星
封面设计：廖亚萍
责任校对：李　琴
责任监印：朱　玢

出版发行：华中科技大学出版社（中国·武汉）　　　电话：（027）81321913
　　　　　武汉市东湖新技术开发区华工科技园　　　邮编：430223
录　　排：华中科技大学惠友文印中心
印　　刷：武汉市洪林印务有限公司
开　　本：710mm×1000mm　1/16
印　　张：12.5
字　　数：245 千字
版　　次：2024 年 3 月第 1 版第 1 次印刷
定　　价：99.00 元

前　言

进入 21 世纪以来，超级电容器作为一种高功率密度型的储能设备，在智能电网、工业控制和国防军工等领域发展迅速。同时，超级电容器存在能量密度较低、持续供电能力不足的缺点，已经难以满足现代能源产业的发展需求。而电极材料是提升其性能的关键，因此，开发新型的高效储能材料一直是世界各国能源领域的研究重点，具有广阔的市场前景。

近年来，金属有机框架（MOF）材料因具备高孔容、高比表面积和低框架密度等优点受到了广泛关注。2014 年，MOF 材料领域的奠基人 Yaghi 教授将 MOF 材料引入超级电容器应用领域，随后各种 MOF 基电极相继被开发，如 ZIF 系列、MIL 系列和 UiO 系列等，均展现了优异的储能效果。MOF 材料主要通过两种途径应用于超级电容器：一是直接利用原始 MOF 材料构筑电极应用于超级电容器；二是将 MOF 作为模板衍生其他材料再应用于超级电容器。然而，目前这两种策略并未得到充分探索，已开发的 MOF 基电极无法满足超级电容器日益增长的性能需求。因此，本书从这两个方面出发，分别从不同角度对 MOF 材料的超级电容器应用方式进行了探讨，为这一新兴交叉领域的研究提供了理论基础和实际案例，以供本领域的其他研究者借鉴。

本书在撰写过程中参考了相关的文献和专著，得到了盐城工学院化学化工学院和绿色功能材料研究团队老师的支持与帮助，在此一并表示衷心的感谢。

另外，特别感谢国家自然科学基金（项目编号：52302313）和盐城市基础研究计划（项目编号：YCBK2023007）的支持。

张义东，博士，盐城工学院专职教师，主要从事功能材料开发与能源应用研究。

由于作者水平所限，书中难免存在不妥之处，敬请读者批评指正。

作　者
2024 年 1 月于盐城

目　　录

第1章 绪 论

1.1 引 言

　　能源危机和环境污染是当今全球所面临的两个重要问题,廉价石油时代的终结和强制使用清洁能源迫使长期以来的能源利用模式亟待改变,人们正在试图寻找全新的可持续发展方式去开发、经营、存储和利用能源[1]。传统的石油和天然气资源正在消耗殆尽,尽管一些非传统石油和天然气资源已经被逐渐发掘利用,但是这并不能从根本上解决能源危机问题。终极解决之道,在于人们思维方式的改变,从能源收集者逐渐转变为能源生产者并学会开发新型可再生能源,如风能、太阳能、生物质能、氢能以及其他人工制造能源,这才是解决能源危机问题的关键所在[2]。然而,这些可再生能源最大的特点就是不够稳定,难以在实际生产生活中发挥作用,这就意味着能量的存储和转换在新能源的利用上变得极为重要。能源存储系统(图 1-1)可以有效地解决可再生能源的间歇性问题,同时又可以增强不同电

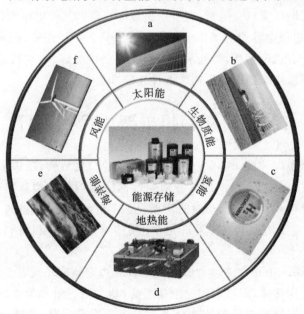

图 1-1　能源存储系统与可再生能源的关系示意图

力系统之间的能源转换,如风能系统和太阳能系统[3]。此外,随着车辆对能量输出效率需求的增加,还需要储能系统可以在任何状态下进行能量存储和输出。虽然,电池技术已经可以成功地执行这些操作,但是电池效率较低,并不能满足交通工具对储能设备快充快放的需求。在这种背景下,超级电容器技术以其大功率密度和良好的循环稳定性吸引了大量的关注并得到了快速发展,与此同时,这种储能技术的兴起也为构建更高级的混合车载系统和固定应用设备提供了可能[4]。

1.2　超级电容器简介

超级电容器(super capacitor),是一种能通过极化电解质,在电极/溶液界面储存电荷的电化学元器件。与电池相比,超级电容器拥有更大的功率,甚至可以达到电池功率的几百到几千倍,但是其存储量比较低,通常会比电池低得多。所以,超级电容器适用于要求瞬间大功率输出同时又无须持久放电的用电器件[5]。从基本构造上来讲,超级电容器由两个电极以及它们之间的隔膜组成。根据两个电极的结构,又可以分为对称和非对称超级电容器。隔膜浸泡在电解质中,用来防止电极之间的物理接触,大多数隔膜是离子渗透型材料,允许离子电荷转移,同时隔膜还需要具有高电阻、高离子电导性、低厚度等特性以达到最佳性能[6]。另外,根据电解质的不同,又可以分为水系和有机系超级电容器。电解质的击穿电压限制了超级电容器的工作电压窗口。通常,有机系超级电容器的工作电压窗口可以达到3.5 V左右,而水系超级电容器的工作电压窗口最大只有2 V左右,但水系电解质的电导率却远远高于有机电解质,而且水系电解质安全性能好、成本较低、容易处理,所以采用水系电解质组装超级电容器的器件比较常见[7]。

1.3　金属有机框架化合物简介

金属有机框架(metal organic framework,MOF)化合物,是由多齿有机配体与金属离子通过自组装过程形成的具有周期性网络结构的一类新材料[8]。MOF结合了有机多孔材料和无机多孔材料的特点,从20世纪末开始,得到了快速的发展,MOF的研究涵盖了有机化学、无机化学、晶体学、拓扑学和材料学等多种学科领域。

如图1-2所示,MOF的基本结构可以看作是以金属离子或者金属团簇为节点,以有机配体作为连接体,而形成的无限延展的、均一的三维框架[9]。选择合适的中心金属离子或金属簇和有机配体在分子水平上进行自组装,并通过适当的制备手段来调控MOF的结构,比如温度、溶剂极性和酸碱性等,可以得到结构多样、功能特殊的 MOF 材料[10]。目前，MOF 材料经过快速发展，已经具备上万种成分和结构，并且在各个领域得到了广泛应用。

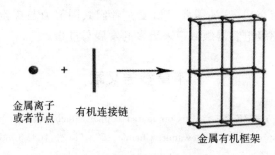

金属离子
或者节点　　　有机连接链

金属有机框架

图 1-2　MOF 的基本结构示意图

1.4　本书的主要内容

MOF 作为一种新型的多孔材料，具有比表面积大、孔洞可调、含金属活性中心等优点，应用在超级电容器电极材料中的优势十分明显。近年来，MOF 在超级电容器中的应用不断发展，归纳概括起来主要有以下三种途径：(1) 直接使用 MOF 作为活性物质，通过物理吸附将电解质离子吸附于内表面或者开发可逆的金属氧化还原反应从而达到存储电荷的目的；(2) 破坏 MOF 的原始组成形成金属氧化物，通过电解液和电极之间的电荷传递储存电子；(3) 通过热解作用使 MOF 形成多孔碳材料，利用其大的比表面积来增大电容。

本书从三个方面详细介绍了金属有机框架化合物在超级电容器领域的应用。首先，从金属有机框架化合物直接应用于超级电容器方面，探讨了 MOF 材料应用于超级电容器时存在的导电性差的缺点，并针对此缺点提出了有效的解决方法，即把导电性好的 CNTs 材料与 MOF 材料复合，提高导电性以后，再应用于超级电容器。我们的研究表明，CNTs 的填充能有效改善 MOF 材料的电化学性能。其次，从以金属有机框架化合物为模板来衍生金属氧化物方面，我们提出了几种新颖的氧化物制备方法，分别制备了单相金属氧化物、两相金属氧化物、三相的金属氧化物/金属/碳复合材料、金属硒化物、金属氧化物量子点以及金属碳化物复合碳材料。此外，我们提出了新的模板设计思路，并成功制备了相应的新型模板 POM@MOF 和 MOF@CNTs，将传统的 MOF 模板由晶体领域引至凝胶领域，用大量的实验案例演示了 MOF 凝胶模板的使用方法。这些模板本身具有特殊的结构优势，结合 MOF 材料的多孔特性，在制备金属氧化物及其复合材料方面表现出了巨大的潜力与优点。

本书在开发高性能能量存储材料的同时拓展了 MOF 材料的应用，全面地研究了 MOF 材料在超级电容器领域的应用途径,为这一新兴交叉领域的研究提供了经验。总而言之,金属有机框架材料在超级电容器领域的应用方兴未艾,还有许多应用方法上的缺憾与空白,这还需要科研工作者们共同努力与探索,最终,金属有机框架材料必将为超级电容器领域带来更多的发展与进步。

本章参考文献

[1] LIU J J,ZHOU Y,XIE Z,et al. Conjugated copper-catecholate framework electrodes for efficient energy storage[J]. Angewandte Chemie,2020,59(3):1081-1086.

[2] GUO W,YU C,LI S F,et al. Toward commercial-level mass-loading electrodes for supercapacitors:opportunities,challenges and perspectives [J]. Energy & Environmental Science,2021,14:576-601.

[3] POMERANTSEVA E,BONACCORSO F,FENG X L,et al. Energy storage:the future enabled by nanomaterials[J]. Science,2019,366:8285.

[4] SIMON P,GOGOTSI Y. Perspectives for electrochemical capacitors and related devices[J]. Nature Materials,2020,19:1151-1163.

[5] REN K,LIU Z,WEI T,et al. Recent developments of transition metal compounds-carbon hybrid electrodes for high energy/power supercapacitors[J]. Nano-Micro Letters,2021,13 (1):129.

[6] WANG X,GUO W,FU Y Z. High-entropy alloys:emerging materials for advanced functional applications[J]. Journal of Materials Chemistry A,2021,9:663-701.

[7] WANG X,LI X,FAN H R,et al. Advances of entropy-stabilized homologous compounds for electrochemical energy storage[J]. Journal of Energy Chemistry,2022,67:276-289.

[8] 陈小明,张杰鹏. 金属-有机框架材料 [M]. 北京:化学工业出版社,2017.

[9] CHOI K M,JEONG H M,PARK J H,et al. Supercapacitors of nanocrystalline metal-organic frameworks[J]. ACS Nano,2014,8(7):7451-7457.

[10] XIA H C,ZHANG J N,YANG Z,et al. 2D MOF nanoflake-assembled spherical microstructures for enhanced supercapacitor and electrocatalysis performances[J]. Nano-Micro Letters,2017,9(4):43.

第2章 金属有机框架材料直接应用于超级电容器

2.1 引　言

　　Ru、Ni、Co、Cu、Fe、V 和 Mn 等金属的氧化物因具有良好的赝电容特性,可以用作超级电容器的电极材料[1]。其中,锰的氧化物(MnO_x)具有较大的窗口电压区间、成本较低、环保等优势,因而被认为是最有潜力的金属氧化物电极材料之一[2,3]。至今为止,锰基超级电容器电极材料可以分为两大类,一种是具有不同晶体微观结构的纯 MnO_x,另外一种是 MnO_x 与其他材料的复合材料[4]。纯 MnO_x 指没有经过任何掺杂,而被直接用作超级电容器电极材料的一系列 MnO_x,这类材料包括 MnO、MnO_2、Mn_2O_3 和 Mn_3O_4 等[5-11]。但是,这些材料导电性较差,往往导致超级电容器的电容不高,且循环稳定性较差。因此,人们试图研究 MnO_x 与其他材料的复合材料,以期弥补这些纯 MnO_x 材料的不足。目前,用于掺杂 MnO_x 的材料主要有三类,第一类是碳材料,如炭黑、乙炔黑、碳纳米管(CNTs)、石墨烯等[12-14];第二类是金属氧化物,如 NiO、RuO_2、CuO、Fe_2O_3、Co_2O_3、MoO_3 和 AgO 等[15,16];第三类是导电聚合物,如聚苯胺(PANI)和聚吡咯(PPy)等[17,18]。这些 MnO_x 复合材料的导电性较纯 MnO_x 材料有所提高,但同时也带来了不可忽略的其他问题,如电容量减小、循环稳定性降低等。因此,传统的锰基材料在超级电容器中的应用还面临着巨大的挑战,开发新型的锰基电极材料显得尤为必要。

　　近年来,金属有机框架(MOF)化合物由于结构和性质的多样性,受到了越来越多的关注。与传统材料相比,MOF 具有较大的可用比表面积、可调的孔洞、开放的金属位点以及有序的微观结构[19]。正是基于这些优点,MOF 材料被广泛应用于催化[20]、气体分离[21]、药物储存[22]、药物运输[22]、成像技术[23]、传感器以及光电子学[24-26]等领域。科学家们还将 MOF 作为制备多孔金属氧化物和多孔碳材料的模板[27-30],引入超级电容器研究领域,但是,关于将 MOF 材料直接用于超级电容器的应用研究却鲜有报道。除此之外,值得注意的是,几乎所有其他常见金属的 MOF 均已经被研究报道过,唯独 Mn-MOF 材料直接应用于超级电容器的研究却很缺失。众所周知,锰系材料具有很宽的窗口电压范围,很早就被研究用作超级电容器材料,是一种非常重要的电极材料,而 Mn-MOF 作为一种全新的有别于锰基氧化物的材料,将其作为电极材料引入超级电容器领域,具有里程碑式的开拓意义。此外,为了改善提高 Mn-MOF 这一新型电极材料的电化学性能,通过简单有效的方法对其进行结构上的修饰,可以显著提高材料的电容值、结构稳定性以及循环稳定性等。碳纳米管作为一种导电性极高的碳材料[31,32],已经被成功地应用于改善 MOF 材料的导电性,例如著名的 MOF-5[33] 和 HKUST-1[34,35]。羧基化 CNTs 中的羧基可以提供成核位点,为 MOF 的生长提供条件,因此,用 CNTs 复合的 Mn-MOF 电极材料,可以打破传统 MnO_x 电极材料的局限性。基于以上这些讨论,我们拟通过简单的水热法合成一种 Mn-MOF 材料及其复合 CNTs 材料——CNTs@Mn-MOF,并且把它们应用于超级电容器中,通过对它们电化学性能的研究,探索 MOF 材料直接应用于超级电容器的基本原理,初步论证 CNTs 在改善 MOF 类电极材料电化学性能方面的可行性。

在本章的工作中,我们首先用锰的金属盐与对苯二甲酸,合成了一种新型的锰基超级电容器电极材料 Mn-MOF[36],分子式为 $Mn(C_8H_4O_4)(H_2O)_2$,然后将 CNTs 成功地填充到多边形 Mn-MOF 块体中,得到复合材料 CNTs@Mn-MOF。通过电化学研究发现,Mn-MOF 材料具有超级电容器特性,经过改良的 CNTs@Mn-MOF 材料,其电化学性能提升十分显著,在电流密度为 $1\ A \cdot g^{-1}$ 和 $20\ A \cdot g^{-1}$ 时,其电容与纯 Mn-MOF 相比,分别提高了 7.1 倍和 15 倍。利用 CNTs@Mn-MOF 这种材料组装成对称超级电容器件以后,能量密度最高可达 $6.9\ W \cdot h \cdot kg^{-1}$,功率密度最高可达 $2240\ W \cdot kg^{-1}$。

2.2 实验部分

2.2.1 样品的制备

1. 实验材料

实验中所使用的各类化学试剂及耗材如表 2-1 所示。

表 2-1　实验材料与化学试剂

试剂和耗材	规格或型号	生产厂家
去离子水	—	东南大学
无水乙醇	分析纯	国药集团化学试剂有限公司
N-甲基吡咯烷酮	分析纯	国药集团化学试剂有限公司
$Mn(C_2H_3O_2)_2(H_2O)_4$（四水合乙酸锰）	分析纯	国药集团化学试剂有限公司

续表

试剂和耗材	规格或型号	生产厂家
氨水	分析纯	国药集团化学试剂有限公司
无水硫酸钠	分析纯	国药集团化学试剂有限公司
$(NH_4)_2C_8H_4O_4$	分析纯	阿拉丁试剂(上海)有限公司
碳纳米管	99%	江苏先丰纳米材料科技有限公司
聚偏二氟乙烯	阿科玛 HSV900	山西力之源电池材料有限公司
导电炭黑	—	山西力之源电池材料有限公司
碳纸	0.19 mm 厚	上海叩实电气有限公司
有机隔膜	Celgard 2032	Celgard
镍极耳	3 mm	科晶集团
饱和甘汞电极	CHI660E	上海辰华仪器有限公司

2.Mn-MOF 的制备

Mn-MOF 是根据之前文献[36]报道过的方法制备的,我们对此稍微做了些改进。首先,将 1.008 g 的 $(NH_4)_2C_8H_4O_4$ 加入 20 mL 乙醇和 40 mL 去离子水的混合溶液,充分搅拌,待固体全部溶解之后,作为溶液 A;然后将 1.457 g 四水合乙酸锰溶解于 40 mL 去离子水,得到溶液 B;在常温下,将 B 溶液缓慢滴入 A 溶液,充分搅拌 30 min,将混合溶液转移到具有聚四氟乙烯内衬的不锈钢反应釜中,于 85 ℃环境下静置 24 h,反应完成后,自然冷却至室温,得到白色沉淀,过滤,先后用去离子水和无水乙醇洗涤 3 次。将得到的白色粉末置于烘箱中,保持 70 ℃干燥 24 h,即得到 Mn-MOF 材料。

3.CNTs@Mn-MOF 的制备

在制备目标产物以前,先对 CNTs 进行羧基化处理。首先将 CNTs 用浓盐酸浸泡 24 h,以洗去 CNTs 制备过程中残留的金属离子,过滤之后,在 50 ℃环境下干燥;然后将预处理的 CNTs 加入到浓硝酸∶浓硫酸体积比为 1∶1 的混酸溶液中,在 80 ℃下充分搅拌 8 h;最后,过滤,水洗,直至滤液呈中性,在 50 ℃下干燥 48 h,即得到羧基化的 CNTs。

CNTs@Mn-MOF 的制备过程与 Mn-MOF 类似,只是在溶液 B 中加入了 20 mL 溶有 50.0 mg 羧基化 CNTs 的乙醇溶液,最终产物经过干燥之后,得到了 CNTs@Mn-MOF 材料。

4.电极的制作

由于碳纤维纸具有导电性强、多孔性以及化学性能稳定的优点,因此本实验选用碳纤维纸为集流体。制作电极时加入导电剂(导电炭黑)可以有效地减小电极接触阻抗和溶液阻抗,但导电剂含量增多意味着活性物质在电极中的比例减小,从而导致比容量和窗口电压降低,因此本研究选择加入15%的导电剂。聚偏二氟乙烯(PVDF)溶解在 N-甲基吡咯烷酮中会形成胶状物质并具有很强的黏度,可以作为黏合剂使用。但由于 PVDF 不导电并具有疏水性,黏合剂比例过多会降低电极材料的导电性和浸润性能,从而导致电极的比电容下降,因此黏合剂的含量选择为 10%。

本章以 Mn-MOF 和 CNTs@Mn-MOF 为活性物质,加入导电剂和黏合剂混合成电极材料,再通过涂布法将配制好的电极材料涂覆到 1 cm×1 cm 的碳纸上,烘干后制备成电极。

5.超级电容器的制备

将制备好的电极放置在 1 mol·L^{-1} Na_2SO_4 电解质溶液中浸泡 24 h 活化。然后在对应的两个电极上焊接镍极耳作为引出电极,将焊接了极耳的两个电极对称地紧贴在离子隔膜两侧,再用硬塑料将电极以及离子隔膜都密封起来,并在其中注入电解液,得到超级电容器件。

2.2.2　样品的表征

1.X 射线粉末衍射表征[31]

X 射线粉末衍射(XRD)是利用 X 射线在晶体物质中的衍射效应进行物质结构分析的技术。通过观察衍射角位置(峰位)可以对化合物进行定性分析,通过对峰面积进行积分(峰强度)可以对化合物进行定量分析。本研究使用 Bruker D8 型 X 射线粉末衍射仪对合成的一系列电极材料进行了测定,鉴定了相应的晶体结构类型并标出了相应的峰位置。X 射线衍射的放射源为 Cu-Kα(1.54184 Å),扫描范围为 10°~80°,扫描步速为 5°/min。

2.扫描电子显微镜表征[12]

扫描电子显微镜(SEM)表征是一种可直接利用样品表面材料的物质性能进行微观成像以了解样品表面形貌的手段。本研究使用的是 FEI Sirion 200 型扫描电镜,在不同的放大倍数下,我们观察了不同样品的整体形貌和表面特征等重要信息。

3.透射电子显微镜表征[11]

透射电子显微镜(TEM)表征是将经加速和聚集的电子束投射到样品上以形成明暗不同的影像来观察样品微观形貌的手段。由于 TEM 形成的影像可以放大近百万倍,因此我们可以在原子尺度上观察样品的晶格缺陷。本研究利用 FEI Tecnai G2 F20 型透射电镜对样品的形貌、晶格以及面间距进行观察。

4. 傅里叶红外光谱测试[11]

通过傅里叶红外光谱可以辨别出化合物中的官能团种类。本研究用 Bruker-Equinox-55 红外光谱仪测试样品的红外信息。

5. X 射线光电子能谱表征[14]

X 射线光电子能谱(XPS)可以准确地提供分子结构、原子价态以及化学键等方面的信息,是一种能对材料元素价态进行分析的先进技术。本研究使用 K-Alpha X 射线光电子能谱仪对合成的电极材料进行分析,对 MOF 中的各种元素进行了表征并测定了它们的价态分布。

2.2.3　电化学测试

对制备的氧化物电极进行测试时,选用了传统的三电极体系。其中,参比电极为饱和甘汞电极,工作电极为以 MOF 材料为活性物质制备的电极,对电极是铂丝电极。电化学测试使用了上海辰华仪器有限公司(简称上海辰华)CHI660E 型电化学工作站。

对于电容器件,使用双电极体系对其电化学性能进行了测试。在双电极体系中,本章制备的电容器为对称超级电容器,CNTs@Mn-MOF 同时作为正极和负极材料,电化学测试同样使用的是上海辰华 CHI660E 型电化学工作站。

1. 循环伏安测试

循环伏安法(cyclic voltammetry,CV)是一种在电化学研究中最为简单也最为重要的研究方法。根据得到的循环伏安曲线(简称 CV 曲线),我们可以分析得出所测工作电极的各种电化学信息。对于超级电容器电极材料来说,我们分析其 CV 曲线可以了解其电化学活性、充放电循环性、电化学反应的可逆性、电极材料的比电容以及电化学窗口电压。电极材料的比电容可以根据 CV 曲线计算,公式如下[10]:

$$C_g = \frac{\int IdV}{S \times \Delta V \times m} \tag{2-1}$$

式中,C_g 为质量比电容(简称比电容),单位为 $F \cdot g^{-1}$;I 为电流,单位是 A;S 为循环伏安扫描速率,单位为 $V \cdot s^{-1}$;ΔV 为窗口电压变化,单位是 V;m 为活性物质质量,单位为 g。

2. 恒电流充放电测试

恒电流充放电法(galvanostatic charge discharge,GCD)是一种常用的电化学测试方法。对于工作电极,该方法可以在恒电流条件下测试电压随时间的变化关系;而对于组装成器件的超级电容器来说,恒电流充放电就是对器件在一定电压范围内进行充电/放电测试,并保持电流恒定的测试过程。恒电流充放电法可以测试电极或器件在不同电流密度下的比电容变化，以及功率密度和能量密度的关系。电极或器件的比电容可以根据恒电流充放电法进行计算，公式如下[3]：

$$C_g = \frac{I \cdot \Delta t}{m \cdot \Delta V} \qquad (2\text{-}2)$$

式中，C_g 为质量比电容，单位为 $F \cdot g^{-1}$；I 为电流，单位是 A；Δt 为充电或者放电时间，单位为 s；ΔV 为充电或者放电 Δt 时间内的电压变化，单位是 V；m 为活性物质质量，单位为 g。

同时，还可以计算出其能量密度和功率密度，其计算公式如下[4]：

$$E = \frac{1}{2} \cdot C_{cell} \cdot \Delta V^2 \qquad (2\text{-}3)$$

$$P = \frac{E}{\Delta t} \qquad (2\text{-}4)$$

式中，ΔV 为实际电压差；E 为能量密度；P 为功率密度；C_{cell} 为对称超级电容器件的比电容。

3. 交流阻抗测试

交流阻抗测试是一种应用十分广泛的电化学测试方法，主要研究电极过程动力学和表面现象，将一系列不同频率下测得的交流阻抗作图就可以得到电化学阻抗谱（electrochemical impedance spectroscopy，EIS）。对于超级电容器电极，一般通过交流阻抗测试研究其电解液电阻、吸附/脱附过程、法拉第电化学反应、双电层电容特性及电极过程的动力学参数等信息，并由此建立等效电路。

2.3 结果与讨论

本章通过简单的水热法，合成了 Mn-MOF 和 CNTs@Mn-MOF 两种新型电极材料，并将它们分别应用于超级电容器。由于 MOF 材料的结构特点，因此两种材料都具有超级电容器性能，而经过 CNTs 填充的 MOF 材料，具有更加良好的导电性，其电化学性能比纯 MOF 材料更优异。图 2-1 简要描述了本章的研究内容。

首先，我们对这两种化合物的结构进行了表征与鉴定，图 2-2 是两种化合物的 X 射线衍射谱，其中标准 X 射线模拟谱来自 Mn-MOF 的晶体学 cif 文件。由图 2-2 可知，我们实测的 Mn-MOF 的 XRD 曲线与标准模拟谱（CCDC 编号 195798）[36]几乎完全吻合，由此我们判定，所合成的物质即为目标产物。出现在 2θ 为 9.5°、14°、18°和 19°位置的衍射峰，分别对应于 Mn-MOF 的（200）、（110）、（-111）和（400）晶面。此外，我们可以明显地观察到，与 Mn-MOF 相比，CNTs@Mn-MOF 的 XRD 曲线在 $2\theta = 26° \sim 27°$ 的位置出现了一个新的衍射峰。众所周知，在这个位置出现的衍射峰，往往对应于 CNTs 的（002）晶面，而其他衍射峰

扫码查看
第 2 章彩图

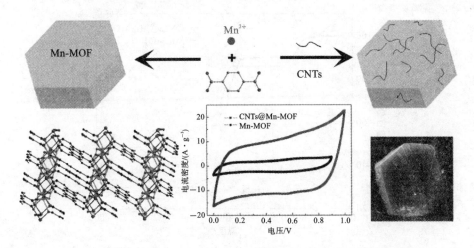

图 2-1　Mn-MOF 和 CNTs@Mn-MOF 的制备及其应用示意图(有彩图)

出现的位置,基本与 Mn-MOF 的 XRD 衍射曲线完全吻合。由此我们判断,CNTs 已经被成功地复合到 MOF 材料中。

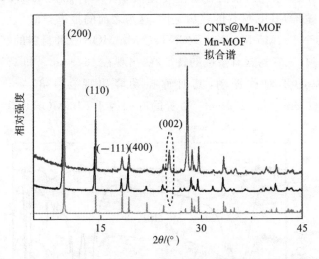

图 2-2　Mn-MOF 和 CNTs@Mn-MOF 的 X 射线衍射谱(有彩图)

为了进一步印证此说法,我们对两种材料做了热力学分析,图 2-3 所示为两种材料在空气中的热重谱图。

由图 2-3 可知,CNTs 的加入明显改变了 Mn-MOF 的热稳定性。对于 Mn-MOF 来讲,第一个阶段在 190 ℃ 左右失重 14.1%,这部分失重是由 MOF 材料中不稳定的溶剂分子导致的,第二个阶段从 364 ℃ 左右开始分解,这些信息与之前的报道情况基本一致。而对于复合了 CNTs 的材料来说,在第一阶段的失重量明显增加,这是由于 CNTs 的加入,在一定程度上使 MOF 材料的孔洞得到活化,因此吸收

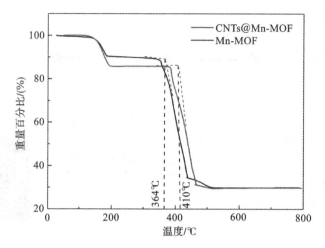

图 2-3　Mn-MOF 和 CNTs@Mn-MOF 在空气中的
热重谱图（有彩图）

了更多的溶剂分子，第二阶段的分解温度也从 364 ℃升高到 410 ℃，这说明 CNTs 的加入有助于提高 MOF 材料的热稳定性，这与之前的报道类似[33]。

图 2-4 是 CNTs、Mn-MOF 以及 CNTs@Mn-MOF 三种材料的红外谱图。由红外曲线可以看到，三者均含有羧基的特征峰，出现在 1629 cm^{-1} 和 1558 cm^{-1} 位置的峰归因于羧基的不对称振动，其对称振动峰出现在 1386 cm^{-1} 处。出现在 3450 cm^{-1}、3360 cm^{-1} 和 3259 cm^{-1} 位置的峰归因于 Mn-MOF 中参加配位的水分子的伸缩振动。

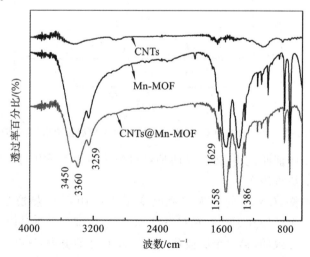

图 2-4　CNTs、Mn-MOF 以及 CNTs@Mn-MOF 三种材料的
红外谱图（有彩图）

我们知道,金属中心的不同价态对其电化学性质影响很大,为了更加准确地分析 MOF 材料的电化学性质,我们进一步考证了 MOF 中金属中心的价态。图 2-5 是 Mn-MOF 的 XPS 谱图,其中位于 641.8 eV、646.5 eV、653.7 eV 和 658.0 eV 的峰,分别对应于 Mn $2p_{3/2}$、Mn $2p_{3/2}$ 的卫星峰和 Mn $2p_{1/2}$、Mn $2p_{1/2}$ 的卫星峰,这种组合说明了,在 Mn-MOF 材料中,Mn 是处于二价的状态[37,38]。这种价态组成与 Mn-MOF 的结构是相吻合的,也从侧面印证了目标 MOF 材料的成功制备。根据文献报道,二价锰金属具有超级电容器特性。

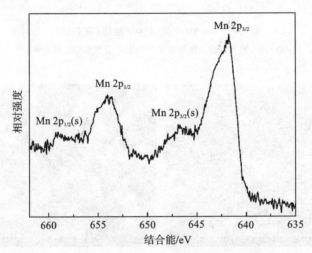

图 2-5　Mn-MOF 的 X 射线光电子能谱

根据 Mn-MOF 的晶体学数据,我们可以得到 Mn-MOF 的结构信息,如图 2-6 所示。由图 2-6(a)可以看出,Mn-MOF 是由相互交替的层状结构堆积而成的,每一层由有机配体对苯二甲酸的阴离子和八面体的 Mn 金属配位中心组成,这些单层的结构经过复杂繁多的氢键交替连接成三维的网状结构,形成了金属有机框架。这些氢键含量丰富,是由 Mn-MOF 中的配位水分子上的氢原子与有机配体上的羧基氧原子形成的,氢键网络示意图如图 2-6(b)所示。正是由于这些含量丰富的氢键,Mn-MOF 的三维结构才得以形成,内部组成也变得更加紧凑。关于 Ni-MOF 直接用于超级电容器的研究[39,40]表明,MOF 材料内部的氢键结构有助于提升其电化学相关性能,因此,我们制备的 Mn-MOF 及其复合材料具有一定的结构优势。

我们同时考察了 Mn-MOF 和 CNTs@Mn-MOF 的形貌特征,如图 2-7 和图 2-8 所示。图 2-7 是 Mn-MOF 在不同放大倍数下的扫描电镜图像。

由图 2-7 可以看出,Mn-MOF 基本呈块状,两端是对称的类菱形尖角,中间是被拉长的长方体,整体形貌规则,尺寸在 10 μm 左右。当它被 CNTs 填充以后,整体形貌发生了调整,如图 2-8(a)所示。

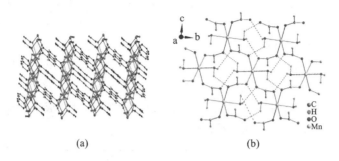

(a)   (b)

图 2-6　Mn-MOF 的晶体学结构(有彩图)

(a)沿 a 轴方向的三维堆积图;(b)水分子产生的氢键网络

图 2-7　Mn-MOF 在不同尺度下的扫描电镜图像

(a)放大 3000 倍;(b)放大 10000 倍;(c)放大 12000 倍;(d)放大 20000 倍

  由图 2-8 可以看到,CNTs@Mn-MOF 复合材料的形貌越来越均匀,整体尺寸保持在 3~8 μm,与纯 Mn-MOF 材料相比,复合材料的形貌在横向被拉宽,在长度上被缩短。这可能与 CNTs 的成核作用有关。另外,由图 2-8(b)中的插图可以看

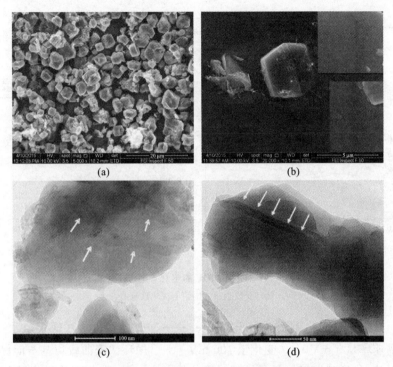

图 2-8　CNTs@Mn-MOF 的形貌表征
(a)、(b)扫描电镜图像；(c)、(d)透射电镜图像

到,在复合材料的光滑表面上,出现了规则的棒状凹痕,这与之前的报道[33]相吻合,这些凹痕说明了 CNTs 已成功嵌入块体中。为了进一步验证 CNTs 的填充,我们将过厚的块体研磨之后,分散在乙醇溶液中,用透射电镜观察散碎的块体,结果如图 2-8(c)和图 2-8(d)所示,可以清晰地看到,块体中填充着大量 CNTs。以上结果共同证实了,CNTs 已经被成功地填充到 Mn-MOF 材料中。

由于 CNTs@Mn-MOF 是一种新型的复合材料,我们首先研究了 CNTs@Mn-MOF 材料的电化学性能,以该复合材料作为工作电极,铂丝作为对电极,饱和甘汞电极作为参比电极,1 mol/L Na_2SO_4 溶液作为电解质,组成了三电极测试体系。图 2-9 是 CNTs@Mn-MOF 材料的循环伏安曲线和恒电流充放电曲线(简称 GCD 曲线)。

由图 2-9(a)可以看出,在电压窗口 0～1.0 V 范围内,循环伏安曲线呈现规则的类矩形,在 0.6～0.8 V 之间,有极其微弱的氧化还原峰,除此之外并没有其他明显的氧化还原峰出现,这与报道过的 MnO@C 复合材料的循环伏安曲线形状十分吻合[41]。结合相关文献[42,43],我们认为,这个微弱的氧化还原峰来自电极材料和碳材料之间的氧化还原反应,我们推测的反应原理为

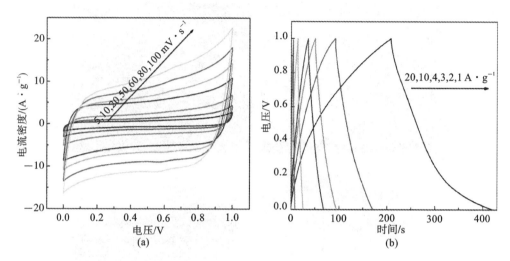

图 2-9　CNTs@Mn-MOF 的电化学性质(有彩图)
(a)循环伏安曲线;(b)恒电流充放电曲线

$$Mn(C_8H_4O_4)(H_2O)_2 + C^+ + e^- \longleftrightarrow MnC(C_8H_4O_4)(H_2O)_2$$

扫描速率从 5 mV·s^{-1} 变化至 100 mV·s^{-1},循环伏安曲线均基本能保持这种类矩形形状,与锰基电极材料的循环伏安曲线基本一致,即使在比较大的扫描速率之下,曲线依然保持较为平稳的状态,说明该复合材料在大电流状态下的极化趋势不大,这有利于维持较好的倍率特性。根据公式(2-1)可以计算出复合材料的比电容,当扫描速率为 5 mV·s^{-1} 时,比电容为 206 F·g^{-1},当扫描速率增大到 100 mV·s^{-1} 时,比电容降低到 112.5 F·g^{-1}。图 2-9(b)显示了不同电流密度下,复合材料的恒电流充放电曲线。电流密度从 1 A·g^{-1} 增加至 20 A·g^{-1},充放电时间逐渐减少,但是几乎所有曲线都具有良好的对称性,这说明该复合材料具有良好的充电效率,这也接近理想的充放电状态。根据公式(2-2)计算可知,在电流密度为 1 A·g^{-1} 时,复合材料的比电容可以达到 203.1 F·g^{-1},这与用循环伏安法计算的比电容接近。查阅文献发现,之前关于二价锰材料用于超级电容器的研究比较稀少,本文合成的二价锰金属有机框架化合物与 CNTs 复合材料,具有相当可观的电容性能。Antiohos 等[43]制备的石墨烯复合 MnO 材料,在 0.5 A·g^{-1} 的电流密度下,比电容只有 51.5 F·g^{-1},而 Wang 等[42]制备的微孔碳复合 MnO 材料,在 1 A·g^{-1} 的电流密度下,比电容只有 160 F·g^{-1}。由此可见,本文合成的 CNTs@Mn-MOF 复合材料与同类物质相比,具有十分优异的电化学性能,这种新型的锰基电极材料具有优秀的潜质,有望取代传统的锰基材料。

我们认为,该复合材料之所以具有优异的性能,是因为填充的 CNTs 提高了复合材料的导电性。为了验证这个猜测，我们分别测试了 CNTs、Mn-MOF 和 CNTs@ Mn-MOF 的电化学性能，图 2-10 显示了三种材料的循环伏安曲线、恒电流充放电曲线以及电容性能。

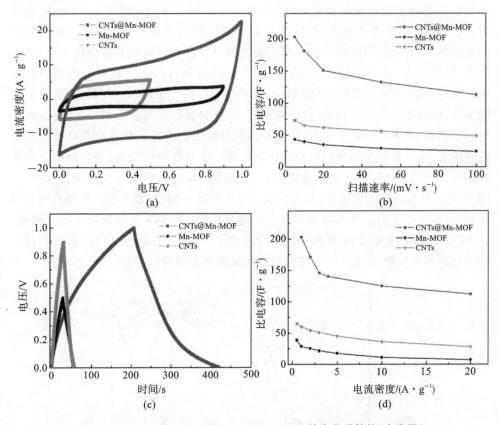

图 2-10　CNTs、Mn-MOF 和 CNTs@ Mn-MOF 的电化学性能（有彩图）

(a)100 mV·s^{-1}时，循环伏安曲线；(b)不同扫描速率下的比电容；

(c)1 A·g^{-1}时，恒电流充放电曲线；(d)不同电流密度下的比电容

图 2-10(a)是三种材料在 100 mV·s^{-1}扫描速率下的循环伏安曲线，可以看出，三种材料都有规则的类矩形，CNTs 的电压窗口最小，面积最小，所以比电容最低，只有 50 F·g^{-1}；而纯 Mn-MOF 材料具有 0.9 V 的电压窗口，曲线的整体形状与 CNTs@ Mn-MOF 的类似，但是其面积远远低于复合材料。由图 2-10(b)可知，复合材料的质量比电容远远超过了两种纯电极材料，也极大地超过了它们的单纯加和，这说明 CNTs@ Mn-MOF 材料并不是简单的物理混合材料，CNTs 促使复合材料产生了新颖的结构，从而诱发出优异的电化学性能。图 2-10(c)和图 2-10(d)是三种材料在 1 A·g^{-1}电流密度下的恒电流充放电曲线及它们在不同电流密度下的

比电容,所反映的结果与循环伏安曲线的结果类似,进一步说明了复合材料的电化学性能比两种单纯材料的电化学性能优秀。

为了进一步证实 CNTs 的填充增强了复合材料的导电性,我们对 Mn-MOF 及其复合材料做了交流阻抗测试,如图 2-11 所示。可以看到,代表 Warburg 阻抗的低场区直线的斜率基本相等,都接近于 1,这部分代表溶液的扩散电阻。曲线底部的半圆属于高场区,半圆的半径大小代表电极材料内部电荷转移电阻的大小,半径越大,电阻越大,半圆与实轴(Z'轴)的截距可以近似看作电极材料的等效串联电阻。由图 2-11 可知,CNTs@Mn-MOF 复合材料比纯 Mn-MOF 材料具有更小的半圆半径,以及更小的实轴截距,由此可以断定,复合材料具有更小的内阻,更高的导电性。因此,在电极材料工作时,复合材料具有较快的电荷转移速度和电解质离子传递速度,这就提高了电极材料的电化学性能。这种性能的提升,来自结构上的优异组成:CNTs 填充在 MOF 块体内部,一方面使 MOF 的稳定性得到提升;另一方面,CNTs 具有良好的导电性,其表面的 sp^2 共轭碳与 MOF 材料的内壁及孔洞紧密接触,有利于电子的传导和溶液中离子的交换传输。CNTs 是一维管状导电通路,在 MOF 内部纵横交错,最终形成独特的网状结构,CNTs 网状结构与 MOF 自身的网络结构相互接触,因此 MOF 复合材料的整体导电性得以提升。

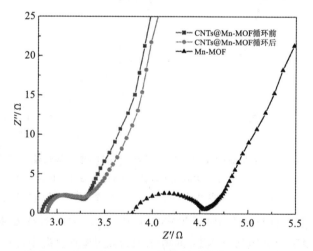

图 2-11　CNTs@Mn-MOF 循环前后及纯 Mn-MOF 的
Nyquist 曲线(有彩图)

在三电极体系下,经过复合的 CNTs@Mn-MOF 材料具有优异的电化学性能,为了检验它在实际器件中的使用效果,我们以该材料作为电极,聚丙烯膜作为隔膜,组装了对称超级电容器。其电容性能及循环稳定性能如图 2-12 所示。

图 2-12(a)中恒电流充放电曲线显示了不同电流密度下对称性良好的恒电流

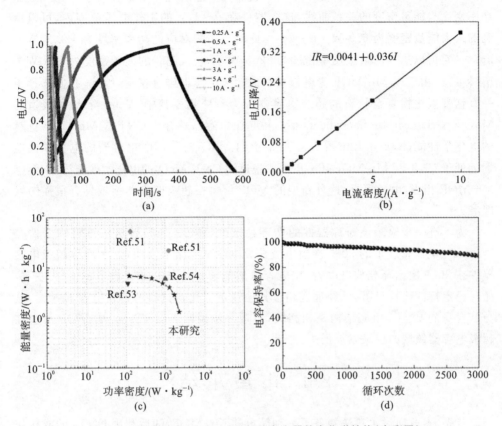

图 2-12　CNTs@Mn-MOF 对称超级电容器的电化学性能(有彩图)
(a)恒电流充放电曲线;(b)电压降与电流密度曲线;(c)拉贡曲线;(d)循环稳定曲线

充放电曲线,根据计算可得,对称电容器件在 0.25 A·g^{-1} 时,其最大比电容可以达到 50.3 F·g^{-1}。当电流密度增加到 0.5 A·g^{-1}、1 A·g^{-1}、2 A·g^{-1}、3 A·g^{-1}、5 A·g^{-1} 和 10 A·g^{-1} 时,对称电容器件的比电容分别降低到 48.9 F·g^{-1}、47.7 F·g^{-1}、40.8 F·g^{-1}、36.9 F·g^{-1}、31.2 F·g^{-1} 和 23.4 F·g^{-1},分别是其最大比电容的 97.2%、94.8%、81.1%、73.3%、62.0% 和 46.5%。这种降低是可以接受的,因为随着电流密度的增大,大多数电极材料的比电容会降低。在大电流密度下,过快的充放电反应会使电极上的活化材料得不到充分利用,一些活性材料根本来不及参与存储电荷的反应。图 2-12(b)显示了对称超级电容器件在工作过程中,其电压降与电流密度的依赖关系。对相关数据进行线性拟合以后,得到的直线方程式为 $IR=0.0041+0.036I$,拟合准确度高达 99.9%。直线的斜率代表电极材料的初始阻抗,由此可以判定,其初始阻抗较低,而且当电流密度增大以后,电极上产生的电压降依然不是很大。这充分说明,该对称超级电容器件具有非常低的初始电阻,以及快速的 I-V 响应特性。图 2-12(c)展示了对称电容器的拉贡曲线,也就是功率密度与能量密度的关系曲线,这个器件在 0～1 V 的工作电压范围内,可以达到的最大能量密度为 6.9 W·h·kg^{-1},此时与之相对应的功率密度为 122.6 W·kg^{-1}。它可以达到的最大功率密度为 2240 W·kg^{-1},此时的能量密度为 1.3 W·h·kg^{-1}。由于以 Mn-MOF 为电极材料的超级电容器鲜有报道,因此,我们选择了一些锰基氧化物复合材料的超级电容器作为参照物。其中,Yang 等人[44] 报道的 MnO@N-rich carbon nanosheets 不对称超级电容器具有比 CNTs@Mn-MOF 优越的电化学性能;Nagamuthu 等人[45] 所报道的 MnO$_2$ 对称超级电容器的电化学性能远远低于 CNTs@Mn-MOF;Jin 等人[46] 报道的 CNT/MnO$_2$ 的电化学性能与 CNTs@Mn-MOF 相当,由此可见,这种新型的 MOF 材料在超级电容器领域具有很强的发展潜力。

为了进一步检验该对称器件的循环稳定性,图 2-12(d)展示了该对称器件在 5 A·g^{-1} 电流密度下的 3000 次恒电流充放电测试。结果表明,这个对称超级电容器件在 3000 次循环充放电以后,比电容依然能够保持其初始比电容的 90% 左右,循环稳定特性比较显著,已经远远超过其他锰基氧化物材料的超级电容器[47,48],这与其自身的 CNTs 填充结构密切相关,也进一步说明了 CNTs@Mn-MOF 材料在超级电容器领域的巨大发展潜力。

2.4　本章小结

首先,本章通过水热法制备了一种简单的 Mn-MOF,随后利用 CNTs 的成核作用,成功地将 CNTs 填充到 Mn-MOF 材料的块体中,制备了复合型材料 CNTs@Mn-MOF。

其次,对所制备的两种 MOF 材料进行了结构上的表征与鉴定,通过 XRD 谱图、热重谱图、红外谱图及 XPS 谱图分析,判定 Mn-MOF 及 CNTs@Mn-MOF 制备工艺的可行性。随后,分析了 MOF 材料的晶体学结构,我们认为,MOF 中含量丰富的氢键可以为其电化学行为提供有利的条件,并通过 SEM 和 TEM 测试进一步印证了 CNTs 的成功嵌入。

再次,我们将 CNTs、Mn-MOF 及 CNTs@Mn-MOF 三种材料分别制作成超级电容器的电极,并在三电极体系下测试了三种材料的超级电容器性能,经过研究发现,复合材料的比电容并不是两种单纯材料的简单加和,而是具有十分显著的提高。由此我们推断,CNTs 的填充为 MOF 材料的导电性带来了巨大提升。复合材料的最大比电容可以达到 203.1 F·g^{-1}。

最后,我们将复合材料 CNTs@Mn-MOF 组装成了对称超级电容器,该器件取得了较大的比电容,以及优秀的循环稳定性。其最大能量密度和最大功率密度分别为 6.9 W・h・kg^{-1}和 2240 W・kg^{-1},在 5 A・g^{-1}电流密度下充放电循环 3000 次之后,比电容依然保持其初始比电容的 90% 左右。由此,我们认为,这种电极材料在超级电容器领域具有极大的发展潜力。

　　综上所述,本章的研究为 MOF 材料应用于超级电容器领域的研究,积累了经验,开拓了思路。将 MOF 材料直接应用于超级电容器需要充分考虑其结构特性,并在此基础上进行有效的具有针对性的修饰复合。我们认为,未来这方面的研究可以从以下两方面入手:一是,设计合成具有多孔性、稳定性、高导电性的 MOF 材料,将其直接应用于超级电容器;二是,将 MOF 材料与高导电性质的材料如碳材料、导电聚合物等进行复合,然后应用于超级电容器。我们相信,经过科研工作者们的不懈努力,最终必然能够将 MOF 材料成功地应用于超级电容器领域。

本章参考文献

[1] WANG J Y,TANG H J,REN H,et al. pH-regulated Synthesis of multi-shelled manganese oxide hollow microspheres as supercapacitor electrodes using carbonaceous microspheres as templates[J]. Advanced Science,2014,1(1):1719-1720.

[2] WEI W F,CUI X W,CHEN W X,et al. Manganese oxide-based materials as electrochemical supercapacitor electrodes[J]. Chemical Society Reviews,2011,40(3):1697-1721.

[3] LIU R,LEE S B. MnO$_2$/poly(3,4-ethylenedioxythiophene)coaxial nanowires by one-step coelectrodeposition for electrochemical energy storage[J]. Journal of American Chemical Society,2008,130(10):2942-2943.

[4] PENG C,ZHANG S W,ZHOU X H,et al. Unequalisation of electrode capacitances for enhanced energy capacity in asymmetrical supercapacitors[J]. Energy & Environmental Science,2010,3(10):1499-1502.

[5] YANG F Y,ZHAO M S,SUN Q J,et al. A novel hydrothermal synthesis and characterisation of porous Mn$_3$O$_4$ for supercapacitors with high rate capability[J]. RSC Advances,2015,5(13):9843-9847.

[6] CHEN S L,LIU F,XIANG Q J,et al. Synthesis of Mn$_2$O$_3$ microstructures and their energy storage ability studies[J]. Electrochimica Acta,2013,106:360-371.

[7] YU G H,HU L B,VOSGUERITCHIAN M,et al. Solution-processed graphene/MnO$_2$ nanostructured textiles for high-performance electrochemical capacitors[J]. Nano Letters,2011,11(7):2905-2911.

[8] LIU C,LI F,MA L P,et al. Advanced materials for energy storage[J]. Advanced Materials,2010,22(8):E28-E62.

[9] BROUSSE T,TOUPIN M,DUGAS R,et al. Crystalline MnO$_2$ as possible alternatives to amorphous compounds in electrochemical supercapacitors[J]. Journal of the Electrochemical Society,2006,153(12):A2171-A2180.

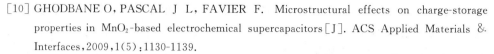
［10］GHODBANE O, PASCAL J L, FAVIER F. Microstructural effects on charge-storage properties in MnO_2-based electrochemical supercapacitors［J］. ACS Applied Materials & Interfaces,2009,1(5):1130-1139.

［11］REDDY R N,REDDY R G. Sol-gel MnO_2 as an electrode material for electrochemical capacitors［J］. Journal of Power Sources,2003,124(1):330-337.

［12］JIN X B,ZHOU W Z,ZHANG S W,et al. Nanoscale microelectrochemical cells on carbon nanotubes［J］. Small,2007,3(9):1513-1517.

［13］MA S B,AHN K Y,LEE E S,et al. Synthesis and characterization of manganese dioxide spontaneously coated on carbon nanotubes［J］. Carbon,2007,45(2):375-382.

［14］YU Z N,DUONG B,ABBITT D,et al. Highly ordered MnO_2 nanopillars for enhanced supercapacitor performance［J］. Advanced Materials,2013,25(24):3302-3306.

［15］NAKAYAMA M, TANAKA A, KONISHI S, et al. Effects of heat-treatment on the spectroscopic and electrochemical properties of a mixed manganese/vanadium oxide film prepared by electrodeposition［J］. Journal of Materials Research,2004,19(05):1509-1515.

［16］XIA H,HONG C Y,SHI X Q,et al. Hierarchical heterostructures of Ag nanoparticles decorated MnO_2 nanowires as promising electrodes for supercapacitors［J］. Journal of Materials Chemistry A,2015,3(3):1216-1221.

［17］RIOS E C,ROSARIO A V,MELLO R M,et al. Poly(3-methylthiophene)/MnO_2 composite electrodes as electrochemical capacitors［J］. Journal of Power Sources, 2007, 163 (2): 1137-1142.

［18］SIVAKKUMAR S,KO J M,KIM D Y,et al. Performance evaluation of CNT/polypyrrole/ MnO_2 composite electrodes for electrochemical capacitors［J］. Electrochimica Acta, 2007, 52(25):7377-7385.

［19］JAMES S L. Metal-organic frameworks［J］. Chemical Society Reviews, 2003, 32 (5): 276-288.

［20］CORMA A,GARCÍA H,LLABRÉS I XAMENA F. Engineering metal organic frameworks for heterogeneous catalysis［J］. Chemical Reviews,2010,110(8):4606-4655.

［21］ZACHER D,SHEKHAH O,WÖLL C,et al. Thin films of metal-organic frameworks［J］. Chemical Society Reviews,2009,38(5):1418-1429.

［22］HORCAJADA P,CHALATI T,SERRE C,et al. Porous metal-organic-framework nanoscale carriers as a potential platform for drug delivery and imaging［J］. Nature Materials,2010, 9(2):172-178.

［23］KRENO L E, LEONG K, FARHA O K, et al. Metal-organic framework materials as chemical sensors［J］. Chemical Reviews,2011,112(2):1105-1125.

［24］WU H,ZHOU W,YILDIRIM T. Hydrogen storage in a prototypical zeolitic imidazolate framework-8［J］. Journal of American Chemical Society,2007,129(17):5314-5315.

［25］ROSI N L,ECKERT J,EDDAOUDI M,et al. Hydrogen storage in microporous metal-organic frameworks［J］. Science,2003,300(5622):1127-1129.

[26] MOROZAN A,JAOUEN F. Metal organic frameworks for electrochemical applications[J]. Energy & Environmental Science,2012,5(11):9269-9290.

[27] SU C Y,GOFORTH A M,SMITH M D,et al. Exceptionally stable,hollow tubular metal-organic architectures: synthesis,characterization,and solid-state transformation study[J]. Journal of American Chemical Society,2004,126(11):3576-3586.

[28] MENG F L,FANG Z G,LI Z X,et al. Porous Co_3O_4 materials prepared by solid-state thermolysis of a novel Co-MOF crystal and their superior energy storage performances for supercapacitors[J]. Journal of Materials Chemistry A,2013,1(24):7235-7241.

[29] JIANG H L,LIU B,LAN Y Q,et al. From metal-organic framework to nanoporous carbon: toward a very high surface area and hydrogen uptake[J]. Journal of American Chemical Society,2011,133(31):11854-11857.

[30] AMALI A J,SUN J K,XU Q. From assembled metal-organic framework nanoparticles to hierarchically porous carbon for electrochemical energy storage [J]. Chemical Communications,2014,50(13):1519-1522.

[31] HAN J T,KIM S Y,WOO J S,et al. Transparent,conductive,and superhydrophobic films from stabilized carbon nanotube/silane sol mixture solution[J]. Advanced Materials,2008, 20(19):3724-3727.

[32] BERSON S,DE BETTIGNIES R,BAILLY S,et al. Elaboration of P3HT/CNT/PCBM composites for organic photovoltaic cells[J]. Advanced Functional Materials,2007,17(16): 3363-3370.

[33] YANG S J,CHOI J Y,CHAE H K,et al. Preparation and enhanced hydrostability and hydrogen storage capacity of CNT@MOF-5 hybrid composite[J]. Chemistry of Materials, 2009,21(9):1893-1897.

[34] XIANG Z H,HU Z,CAO D P,et al. Metal-organic frameworks with incorporated carbon nanotubes:improving carbon dioxide and methane storage capacities by lithium doping[J]. Angewandte Chemie,2011,50(2):491-494.

[35] SHOAEE M,ANDERSON M W,ATTFIELD M P. Crystal growth of the nanoporous metal-organic framework HKUST-1 revealed by in situ atomic force microscopy [J]. Angewandte Chemie,2008,120(44):8653-8656.

[36] KADUK J A. Terephthalate salts of dipositive cations[J]. Acta Crystallographica Section B: Structural Science,2002,58(5):815-822.

[37] STRANICK M A. $Mn(C_2H_3O_2)_2$ by XPS[J]. Surface Science Spectra,1999,6(1):47-54.

[38] ZHANG F,HAO L,ZHANG L J,et al. Solid-state thermolysis preparation of Co_3O_4 nano/micro superstructures from metal-organic framework for supercapacitors[J]. International Journal of Electrochemical Science,2011,6(7):2943-2954.

[39] YANG J,XIONG P X,ZHENG C,et al. Metal-organic frameworks:a new promising class of materials for a high performance supercapacitor electrode[J]. Journal of Materials Chemistry A,2014,2(39):16640-16644.

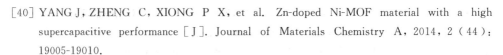

[40] YANG J, ZHENG C, XIONG P X, et al. Zn-doped Ni-MOF material with a high supercapacitive performance [J]. Journal of Materials Chemistry A, 2014, 2 (44): 19005-19010.

[41] LIAO Q Y, LI N, CUI H, et al. Vertically-aligned graphene@MnO nanosheets as binder-free high-performance electrochemical pseudocapacitor electrodes [J]. Journal of Materials Chemistry A, 2013, 1(44): 13715-13720.

[42] WANG T Y, PENG Z, WANG Y H, et al. MnO nanoparticle@ mesoporous carbon composites grown on conducting substrates featuring high-performance lithium-ion battery, supercapacitor and sensor[J]. Scientific reports, 2013, 3: 2693.

[43] ANTIOHOS D, PINGMUANG K, ROMANO M S, et al. Manganosite-microwave exfoliated graphene oxide composites for asymmetric supercapacitor device applications [J]. Electrochimica Acta, 2013, 101: 99-108.

[44] YANG M, ZHONG Y R, ZHOU X L, et al. Ultrasmall MnO@ N-rich carbon nanosheets for high-power asymmetric supercapacitors[J]. Journal of Materials Chemistry A, 2014, 2(31): 12519-12525.

[45] NAGAMUTHU S, VIJAYAKUMAR S, MURALIDHARAN G. Biopolymer-assisted synthesis of λ-MnO$_2$ nanoparticles as an electrode material for aqueous symmetric supercapacitor devices[J]. Industrial & Engineering Chemistry Research, 2013, 52(51): 18262-18268.

[46] JIN Y, CHEN H Y, CHEN M H, et al. Graphene-patched CNT/MnO$_2$ nanocomposite papers for the electrode of high-performance flexible asymmetric supercapacitors[J]. ACS Applied Materials & Interfaces, 2013, 5(8): 3408-3416.

[47] ZHAO X, ZHANG L L, MURALI S, et al. Incorporation of manganese dioxide within ultraporous activated graphene for high-performance electrochemical capacitors[J]. ACS nano, 2012, 6(6): 5404-5412.

[48] MAO L, ZHANG K, CHAN H S O, et al. Nanostructured MnO$_2$/graphene composites for supercapacitor electrodes: the effect of morphology, crystallinity and composition[J]. Journal of Materials Chemistry, 2012, 22(5): 1845-1851.

第3章 金属有机框架凝胶直接
应用于超级电容器

3.1 引 言

金属有机框架(MOF)因具有大的比表面积、丰富的孔隙和高度有序的微观结构而受到了科研工作者的关注[1]。目前,MOF 材料已经在锂离子电池、电化学传感器、多相反应催化、气体储存/分离、环境污染修复、药物递送以及超级电容器等领域得到了广泛应用[2]。然而,绝大多数原始 MOF 材料的导电性和稳定性较差,严重阻碍了这种新材料在电化学储能器件方面的进一步应用[3,4]。目前,将一些导电性较好的材料作为添加剂与 MOF 构造复合材料是一种很有前景的方法,因为 MOF 基复合材料不仅能够继承保留 MOF 自身的多孔性优点,而且还可以获得掺杂组分的部分优良性能,例如导电性、机械稳定性和柔韧性等[5,6]。

在常用的导电添加剂中,碳纳米管显得与众不同。通常,碳纳米管具有优异的导电性、独特的空心结构和良好的化学稳定性及热稳定性,是能够与 MOF 材料组装复合物的一种热点候选材料[7,8]。例如,Wen 及其团队[9]利用碳纳米管与 MOF 材料构建了一种 Ni-MOF/CNTs 复合物,研究结果表明,具有先进多孔结构的 Ni-MOF 与具备卓越导电功能的 CNTs 之间形成了高效的协同作用,从而使该复合材料的电化学性能得到了显著增强,最终表现出了超高的比电容,比电容在 $0.5 \ A \cdot g^{-1}$ 电流密度下达到 $1765 \ F \cdot g^{-1}$。Shen 及其团队[10]合成了一种 Ce-MOF-CNTs 纳米复合材料,并将它应用于超级电容器,作者发现,CNTs 可以有效提高电子在电极材料与集流体之间的转移和传输效率。另外,Zhang 等人[11]的研究表明,CNTs 可以通过提供强大的机械支撑和丰富的导电网络来提高 CNTs@Mn-MOF 复合材料的超级电容器性能。此外,有研究报道称,CNTs 还可以在整个充放电过程中增强 MOF 材料与电解液之间的浸润度[12]。基于上述分析,我们认为,利用 CNTs 材料开发 MOF/CNTs 复合材料对于构筑电化学性能优异的 MOF 基电极具有重要的研究意义,有利于进一步推广高效超级电容器的实践应用。

科研工作者已经发展了多种合成技术来制备 MOF/CNTs 复合材料[13,14]。一般来说,这些合成策略可分为两大类:

(1)非原位物理混合法,即预先合成 MOF 材料(颗粒或者粉体),然后利用物理作用力(包括 π-π 堆积、静电作用、氢键等),将 MOF 材料与 CNTs 材料进行物理混合[15,16]。例如,Li 及其研究团队[17]利用 MOF 和 CNTs 的非共价相互作用,通过超声驱动的周期性功能化修饰策略成功制备了一种性能优异的 MOF/CNTs 纳米复合材料。然而,尽管这种物理式混合方法在过程上比较简单便捷,但与此同时,该方法存在着一定的缺陷,通常所采用的溶剂搅拌、超声波搅拌、机械研磨等驱动方式,均难以达到均匀的混合效果。

(2)原位化学合成法,即采用改性碳纳米管作为核心,在其表面诱导 MOF 成核,并通过进一步的原位生长形成 MOF 晶体颗粒[18,19]。在该方法中最常用的改性修饰策略是利用强酸(通常是 H_2SO_4、HNO_3 或者二者的混合酸)来预处理 CNTs,进而使 CNTs 表面产生含氧官能团(例如—OH、—COOH 等)[20]。与非原位物理混合法相比,这种自下而上的化学过程能够确保 MOF 的前驱物(金属离子/团簇、有机配体)与 CNTs 结合得更加均匀,从而使获得的 MOF/CNTs 混合物具备更加均一的形貌[21]。然而,从另外一个角度讲,这种化学的结合方法也存在局限性,经过化学处理的 CNTs,它的表面共轭结构会遭到严重的破坏,修饰的各种官能团将导致 CNTs 的导电性能显著下降,这也将导致复合材料的综合电化学性能进一步变差[22]。

结合上述分析我们发现,利用传统合成策略构建 MOF/CNTs 复合结构时难以兼顾均匀性和导电性能,一方面,经过化学修饰的 CNTs 更容易实现均匀的混合,另一方面,这种化学修饰手段将导致 CNTs 表面结构的破坏,不仅使其导电性能下降,还增加了制备过程的复杂程度。因此,非原位物理混合法和原位化学合成法两种传统制备策略在合成 MOF/CNTs 复合材料时仍然存在着巨大的挑战,亟待开发一种新型有效的合成策略来应对上述问题。

基于这些考虑,我们创新地提出了一种新颖的凝胶限域合成策略来构建 MOF/CNTs 复合结构。受琥珀形成原理的启发,我们采用一种能够快速凝结成胶体的 MOF 材料作为主体基质,利用胶体形成过程中的空间立体限域效应,原位捕获主体中高度分散的 CNTs 客体。与传统合成方法不同的是,在整个合成过程中,CNTs 是通过物理挤压定位而不是基于静电吸引方式与 MOF 纳米颗粒进行结合的。因此,碳纳米管不需要任何的化学预处理过程,制作工艺简单便捷,同时避免 CNTs 的表面结构遭到破坏。而且,由于凝胶状金属有机框架和碳纳米管网络的相互缠绕和交织作用,得到的 MOF/CNTs 复合凝胶结构更加紧凑、致密、均质,均匀性也远远优于传统非原位物理混合法得到的复合结构。这种新颖的合成策略是一种原位的物理混合方法,图 3-1 对以上三种合成策略的基本原理进行了示意和对比。

在本章中,我们利用凝胶限域合成策略,通过直接混合金属离子前驱体、有机配体和 CNTs 合成了一种 MIL-100-Fe/CNTs 凝胶复合结构(即 MOF/CNTs 复合凝胶),整个合成过程避免了复杂的热处理、苛刻的实验条件、长时间/高能耗的操

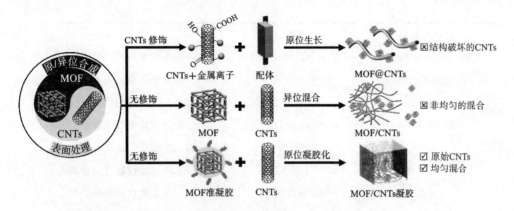

图 3-1　原位物理混合策略与传统制备方法用于构筑 MOF/CNTs 复合结构的对比示意图(有彩图)

作,制备工艺更加绿色、简单、省时。为了评估合成的复合材料在超级电容器中的适用性,我们通过调整 CNTs 的掺杂比例,探讨了 CNTs 含量对 MIL-100-Fe/CNTs 凝胶复合结构及其超级电容性能的影响规律。研究结果表明,当 CNTs 掺杂比例为 10％时,MOF/CNTs 复合凝胶具备最佳结构,以此组装的工作电极具有良好的电荷转移动力学性能以及优异的超级电容性能。此外,我们

扫码查看
第 3 章彩图

将该电极组装成准固态锂离子混合电容器(QLHC),该电容器表现出了合格的能量密度与功率密度,实践应用前景较好。本章的研究工作为 MOF 基电化学能源材料及其复合结构的理性设计与绿色合成提供了一个新的研究方向。

3.2　实　验　部　分

3.2.1　实验材料

本章实验中所使用的各类化学试剂及耗材如表 3-1 所示,所有化学品在使用过程中未经任何额外的处理和净化。

表 3-1　实验材料与化学试剂

试剂和耗材	规格	生产厂家
$Fe(NO_3)_3 \cdot 9H_2O$	分析纯	国药集团化学试剂有限公司
均苯三甲酸	分析纯	国药集团化学试剂有限公司
无水乙醇	分析纯	国药集团化学试剂有限公司

续表

试剂和耗材	规格	生产厂家
碳纳米管	99％纯度	江苏先丰纳米材料科技有限公司
聚四氟乙烯	99％纯度	国药集团化学试剂有限公司
导电炭黑	—	山西力之源电池材料有限公司
碳纸	0.19mm 厚	上海叩实电气有限公司
Li_2SO_4	分析纯	国药集团化学试剂有限公司
Ag/AgCl 电极	CHI660E	上海辰华仪器有限公司
铂片	99.99％纯度	上海辰华仪器有限公司
商用活性炭	—	江苏先丰纳米材料科技有限公司
PVA(聚乙烯醇)	分析纯	天津安诺合新能源科技有限公司
泡沫镍	1.0 mm 厚	天津安诺合新能源科技有限公司

3.2.2 MIL-100-Fe/CNTs 凝胶的合成步骤

本实验参照文献[23]中的合成 MIL-100-Fe 的过程,对相关步骤稍做修改。首先,将 15 mmol 的 $Fe(NO_3)_3 \cdot 9H_2O$ 和 10 mmol 的均苯三甲酸($C_9H_6O_6$,简写为 H_3BTC)分别溶解于 30 mL 的乙醇溶液中;然后,将一定质量的 CNTs 分散在上述溶液中,超声振荡处理 30 min;随后,将两种均质悬浮液快速混合,并持续剧烈地搅拌,直到几分钟内形成凝胶,停止搅拌;将得到的湿凝胶置于空气中老化 12 h 后,转移至烘箱,在 80 ℃ 条件下真空干燥,直至得到干凝胶。为方便论述,我们将合成的 MIL-100-Fe/CNTs 凝胶命名为 MOG/CNT-x(x 为基于 $Fe(NO_3)_3 \cdot 9H_2O$ 和 H_3BTC 总质量的 CNTs 的相应质量百分比,分别为 1％、5％、10％、15％和 20％)。

3.2.3 物理化学表征

采用 X 射线衍射仪(Bruker D8,Cu Kα)、X 射线光电子能谱仪(AXIS-Ultra DLD)和 Raman 光谱仪(Bruker RAM Ⅱ)等研究了复合材料的化学结构和成分,并用场发射扫描电子显微镜(Regulus-8100 FESEM)和透射电子显微镜(HT-7800 TEM)测试了复合材料的形貌和微观结构。

3.2.4 电化学测试条件

将上述活性材料、导电炭黑(Super P)和聚四氟乙烯黏结剂混合成均匀的浆料(质量比为 8:1:1),取一部分混合浆料,利用刮涂的形式将浆料涂覆在碳纸上制备工作电极,将制备完成的工作电极于 80 ℃条件下真空干燥 24 h。采用 1 mol/L Li$_2$SO$_4$ 溶液作为电解液、铂片电极作为对电极、Ag/AgCl 电极作为参比电极来构造三电极测试系统,所有电化学测试均在电化学工作站(型号 CHI660E,上海辰华)上完成。电化学阻抗谱(EIS)是在 0.1 Hz～100 kHz 的频率范围内测试得到的。比电容(C_{sp},F·g^{-1})是根据恒电流充放电曲线分析计算的,具体公式如下:

$$C_{sp} = \frac{I \cdot \Delta t}{m \cdot \Delta V}$$ (3-1)

式中,I、Δt、m、ΔV 分别表示电极电流(A)、放电时间(s)、活性物质质量(g)以及工作电压窗口(V)。

3.2.5　准固态锂离子混合电容器件的制备

混合器件由 MOG/CNT-x(正极材料)、商用活性炭(简称 AC,负极材料)和 PVA-Li$_2$SO$_4$ 凝胶聚合物(浓度 1 mol/L,作为准固态电解质)组装而成。首先,采用泡沫镍作为集流体,一般将泡沫镍裁剪为 2 cm×4 cm 的长方形。正、负电极的负载质量比例由公式(3-2)确定:

$$\frac{m^+}{m^-} = \frac{C^- \cdot \Delta V^-}{C^+ \cdot \Delta V^+}$$ (3-2)

其中,C^+ 和 C^- 代表正、负电极的比电容;m^+、m^- 分别代表活性物质在正电极和负电极中的质量。根据计算结果,两电极负载质量的最佳配比(m^+/m^-)约为 0.51。然后,将凝胶电解质均匀地刷涂在两个泡沫镍电极上,再将两片电极的电解质涂层面正对贴合,随后把组装完成的器件置于烘箱中,在 80 ℃条件下真空干燥数小时,直到聚合物凝胶电解质部分固化。最后,在器件主体部分用绝缘胶带缠绕封装,以起到固定和保护作用。

3.3　结果与讨论

3.3.1　MOG/CNT-x 的结构表征

如上所述,MOG/CNT-x 复合材料是通过在乙醇溶剂中直接混合 Fe^{3+} 离子、CNTs 和有机配体(H$_3$BTC)而制备得到的。为了使 CNTs 均匀分布于 MIL-100-Fe 凝胶主体结构中,整个合成过程需要通过剧烈搅拌来促使 CNTs 保持悬浮状态。MIL-100-Fe 凝胶甚至可以在几秒钟内完成固化,这种快速的主-客体凝胶化过程,类似于琥珀的形成过程。利用凝胶状 MOF 主体的空间立体限域作用,CNTs 在沉降之前可以被原位固定。紧随其后的老化和干燥过程进一步促使复合材料在结构上变得更加紧致,两种材料相互交缠作为一个整体发生缩形,有利于 CNTs 在 MOF 主体结构中继续保持优异的分散性。

如图 3-2(a)所示,所有的 MOG/CNT-x 样品在溶剂去除以后均能保持原有的形状,每个样品的湿凝胶经过干燥以后,均以整体的形式完成了收缩,变成了体积缩小而形状未变的干凝胶。这种现象充分说明,该复合结构中的 MOF 主体与 CNTs 客体之间存在着较强的相互作用和良好的相容性。另外,我们利用拉曼光谱研究了 CNTs 含量对 MOG/CNT-x 复合材料结构的影响作用。如图 3-2(b)所示,各样品的拉曼光谱随着 CNTs 掺杂含量的增加,逐渐在 2695 cm^{-1} 处出现了一个新的拉曼峰,这是典型的 2D 谱带,通常对应于多壁碳纳米管的壳层状石墨碳[24]。除了这个 2D 峰外,所有的样品都显示出与原始 MOF 凝胶(MIL-100-Fe)相同的峰位置,这表明我们成功制备了 MOG/CNT-x 复合材料。此外,位于 1365 cm^{-1} 和 1600 cm^{-1} 处的两个拉曼峰分别对应于碳材料的 D 谱带和 G 谱带,如图 3-2(c)所示,二者分别对应于无缺陷石墨的 sp^3 碳原子的 A$_{1g}$ 声子以及 sp^2 碳原子的平面内振动的二阶散射[25]。原始 MOF 凝胶的 D 峰和 G 峰的强度比(I_D/I_G)约为 0.70,远低于 MOG/CNT-1 的 1.26、MOG/CNT-5 的 1.18、MOG/CNT-10 的 1.11、MOG/CNT-15 的 1.09 和 MOG/CNT-20 的 1.05,这表明无序结构在 MOG/CNT-x 复合材料中起主导作用。与此同时,随着 CNTs 含量的增加,I_D/I_G 值逐渐减小,这表明未经修饰的 CNTs 带来了更多的有序型 sp^2 碳原子。

为了更好地研究 MOG/CNT 系列杂化材料的结构随碳纳米管含量的变化规律,我们进一步测试了 MOG/CNT-x 复合材料的 X 射线衍射谱(XRD 谱图)。如图 3-2(d)所示,分布在 26°和 43°附近的宽特征峰分别对应于石墨的(002)晶面和(101)晶面,充分证明了 CNTs 的存在[26]。所有 XRD 谱图的轮廓与 MIL-100-Fe 的标准模拟谱(基于晶体数据 CCDC 640536 拟合)的吻合度较高,证明了复合样品中存在着 MOF(MIL-100-Fe)的结构[27]。此外,需要注意的是,所有 XRD 谱图的峰形均较宽,说明样品中 MOF 材料的结晶度较差,这是由物理堆积作用下高密度 MOF 团簇的纳米化以及凝胶过程中 MOF 纳米颗粒的非均质聚集共同造成的,这种现象与之前文献[28]中报道的 MOF 凝胶研究结果一致。此外我们观察到,随着碳纳米管含量的增加,样品的 XRD 谱图出现了轻微的峰移现象,这说明加入的碳纳米管客体会通过一些弱的物理作用(如 π-π 叠加等作用)影响 MOF 主体的微观结构。上述拉曼光谱和 XRD 谱图的测试结果表明,我们成功构筑了 MOG/CNT-x 复合结构。

为了进一步观察复合材料的微观形貌,我们采用扫描电镜(SEM)对 MOG/CNT-x 系列样品在不同尺度上进行了表征。如图 3-2(e)、图 3-2(f)和图 3-3 所示,每个样品的 MOF 凝胶部分均呈现出由海绵状颗粒组成的致密结构,而 CNTs 则镶嵌在凝胶主体基质中。然而,在低掺杂比例的样品中仅观察到极少量的 CNTs 暴露

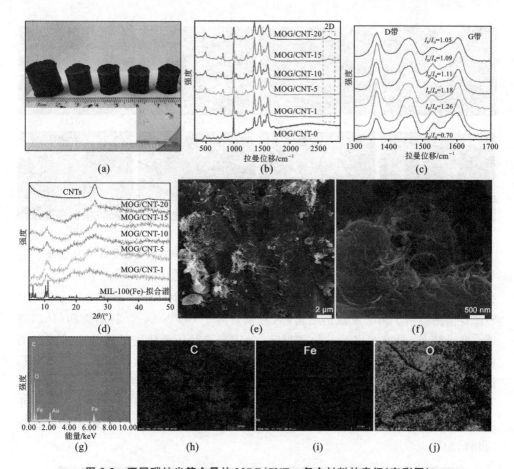

图 3-2　不同碳纳米管含量的 MOG/CNT-x 复合材料的表征(有彩图)

(a)干凝胶实拍照片;(b)拉曼光谱;(c)放大拉曼光谱;(d)X 射线衍射谱;(e)、(f)不同放大
倍数下 MOG/CNT-10 的 SEM 图像;(g)、(h)、(i)、(j)MOG/CNT-10 的 EDS 分析

于表面,例如样品 MOG/CNT-1 和 MOG/CNT-5。当 CNTs 掺杂比例增加到 10%时,可以观察到缠绕在一起的 CNTs 形成了三维的网络结构,且与 MOF 主体呈现出良好的兼容性。所有 CNTs 能够在 MOF 凝胶主体中均匀地分布,并保留了原始 CNTs 的基本管状结构,没有发现任何的坍塌和堵塞。能量色散 X 射线谱(EDS)分析进一步证实了这种良好的均质弥散效果,由图 3-2(g)~图 3-2(j)可以观察到,C、Fe、O 三种化学元素是均匀分布的,这表明 MOG/CNT-10 具有比较理想的复合结构。

为了更进一步地了解其结构特征,我们利用透射电子显微镜(TEM)和选区电子衍射技术(SAED)检测了 MOG/CNT-10 的透射电子图像和衍射谱。图 3-4(a)和图 3-4(b)中 TEM 图像显示 MOF 凝胶均匀且紧密地附着在 CNTs 网络上。此外,研究发现,MOF 凝胶纳米颗粒均匀地包裹 CNTs 有助于防止 CNTs 发生团聚,

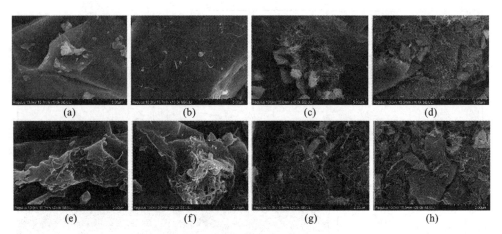

图 3-3　不同碳纳米管含量的 MOG/CNT-*x* 复合材料在不同放大倍数下的 SEM 图像

(a)、(e)MOG/CNT-1;(b)、(f)MOG/CNT-5;(c)、(g)MOG/CNT-15;(d)、(h)MOG/CNT-20

进而促使 CNTs 客体能够均匀地分散到 MOF 凝胶主体中。如图 3-4(c)所示，SAED 谱图显示了两个发散的衍射环，分别对应于 CNTs 的(002)晶面和(101)晶面。除此以外，没有观察到其他衍射环。MOF 衍射环的缺失可能是由于凝胶的弱结晶性引起的，这个研究结果与之前的 XRD 谱图结果一致。此外，随着 CNTs 的掺杂比例增加到 20%，多余的碳纳米管逐渐从 MOF 凝胶基质中逸出，这导致了碳纳米管的团聚以及非均相的分散。因此，结合上述分析我们认为，当 MOF 凝胶中碳纳米管含量为 10% 时，获得的 MOF/CNTs 复合结构具有较大的电化学应用价值。

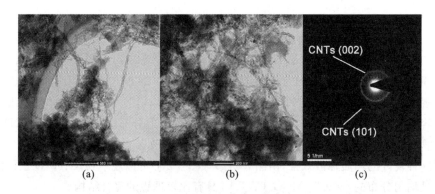

图 3-4　MOG/CNT-10 的表征结果

(a)、(b)不同放大倍数下 TEM 图像;(c)相应的 SAED 衍射图

考虑到 MOG/CNT-10 的最佳结构优势，我们进一步利用 X 射线光电子能谱技术(XPS)对其化学组成和元素状态进行了分析。MOG/CNT-10 样品和原始

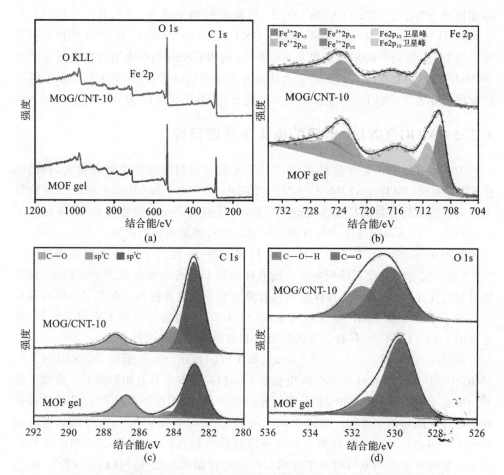

图 3-5　MOG/CNT-10 和原始 MOF 凝胶的 X 射线光电子能谱对比结果（有彩图）
(a)X 射线光电子能谱总谱；(b)Fe 2p 精细放大谱；(c)C 1s 精细放大谱；(d)O 1s 精细放大谱

MOF 凝胶（MOF gel）的全扫描光谱如图 3-5(a)所示，在所有样品的谱图中都可以观察到 Fe、C 和 O 三种元素所对应的共振峰。原始 MOF 凝胶的 C、O 和 Fe 元素含量分别为 63.61%、31.76% 和 4.63%，MOG/CNT-10 凝胶的 C、O 和 Fe 元素含量分别为 72.83%、24.74% 和 2.43%。CNTs 的存在增加了 MOG/CNT-10 杂化结构中 C 元素的含量，降低了 O 元素的含量。如图 3-5(b)所示，Fe 2p 精细能谱可以通过拟合分为三个部分：集中在 709.5 eV、723.1 eV 附近的峰对应于 Fe^{2+}；位于 711.3 eV 和 724.9 eV 附近的峰对应于 Fe^{3+}；另外两个出现在 715.8 eV、726.3 eV 附近的峰则归属于卫星峰[29]。如图 3-5(c)所示，C 1s 的精细谱可以分解为三个主峰，分别出现在 282.8 eV、284.0 eV 和 286.7 eV 的位置，依次对应于 sp^2 杂化碳键、sp^3 杂化 C—C 键以及与 C—O/C=O 相关的化学键[30]。如图 3-5(d)所示，O 1s 的精细谱可分为位于 530.2 eV 和 531.6 eV 附近的两个部分,分别对应于C=O 和 C—O—H 键[31]。值得注意的是,MOG/CNT-10 中 Fe 2p、C 1s 和 O 1s 的拟合结果 与原始 MOF 凝胶中的拟合结果几乎一致,这说明 CNTs 的引入不会影响复合结构 中 MOF 材料的化学元素的价态。上述所有表征测试结果表明,基于一种新型的原 位物理混合方法,我们成功地合成了一种优异的 MOF/CNTs 复合凝胶。

3.3.2 MOG/CNT-x 电极的电化学性能研究

为了研究碳纳米管含量对 MOG/CNT-x 复合材料电化学性能的影响,我们选 择 MOF 凝胶(MOF gel)、MOG/CNT-5、MOG/CNT-10 和 MOG/CNT-15 四种具 有不同碳纳米管含量的样品作为研究对象,将其制备成超级电容器电极,并配制了 1 mol·L^{-1} Li$_2$SO$_4$ 溶液作为电解液以完成三电极测试系统的组装。

如图 3-6(a)所示,在 100 mV·s^{-1} 扫描速率下,测试了四种不同电极在 0~ 0.9 V 电压窗口内的循环伏安曲线。所有样品的 CV 曲线均呈现出矩形特征,且无 明显的氧化还原峰,表明所有样品均具有典型的双层电容特性。此外,MOG/CNT- 10 电极具有比原始 MOF 凝胶和其他 MOG/CNT-x 电极更大的 CV 积分面积,这 也表明 MOG/CNT-10 具有更大的比电容和更高的电化学活性。

如图 3-7(a)、图 3-7(b)和图 3-8(a)、图 3-8(b)所示,MOF 凝胶、MOG/CNT-5、 MOG/CNT-10 和 MOG/CNT-15 电极在不同扫描速率下具有相似的 CV 曲线。随 着扫描速率的增加,所有曲线都保持了相似的形状,表明所制备的复合材料具有良 好的电容性能和倍率性能。如图 3-6(b)所示,四种电极在 1 A·g^{-1} 时的恒电流充 放电(GCD)曲线均具有良好的对称性和准线性特征,进一步表明了四种电极材料 的主要储能机制为由电容行为主导的双层电容储能。此外,MOG/CNT-10 电极 充放电时间最长,比电容也最高,这与 CV 曲线结果一致。如图 3-7(c)、图 3-7(d)和 图 3-8(c)、图 3-8(d)所示,原始 MOF 凝胶、MOG/CNT-5、MOG/CNT-10 和 MOG/ CNT-15 电极在不同电流密度下的 GCD 曲线具有相似的准线性形状。

根据公式(3-1)可以计算出其相应的比电容 C_{sp}。如图 3-6(c)所示,MOG/ CNT-10 在所有样品中具有最大的比电容,其在 1 A·g^{-1} 电流密度下的 C_{sp} 为 431.6 F·g^{-1},优于大部分已经报道的 MOF 基超级电容器电极。随着电流密度增加到 20 A·g^{-1},MOG/CNT-10 的 C_{sp} 能保持在 331.2 F·g^{-1},是 1 A·g^{-1} 电流密度时 的 76.7%。然而随着电流密度的增加,其他样品包括原始 MOF 凝胶(从 143.1 F·g^{-1} 至 82.5 F·g^{-1})、MOG/CNT-5(从 307.3 F·g^{-1} 至 208.9 F·g^{-1})和 MOG/CNT-15 电极(从 252.6 F·g^{-1} 到 168.9 F·g^{-1})均表现出了相对较差的比 电容性能。与此同时,它们所对应的倍率性能也相对较差,原始 MOF 凝胶 (57.6%)、MOG/CNT-5(68.0%)和 MOG/CNT-15(66.9%)在高电流密度下的电

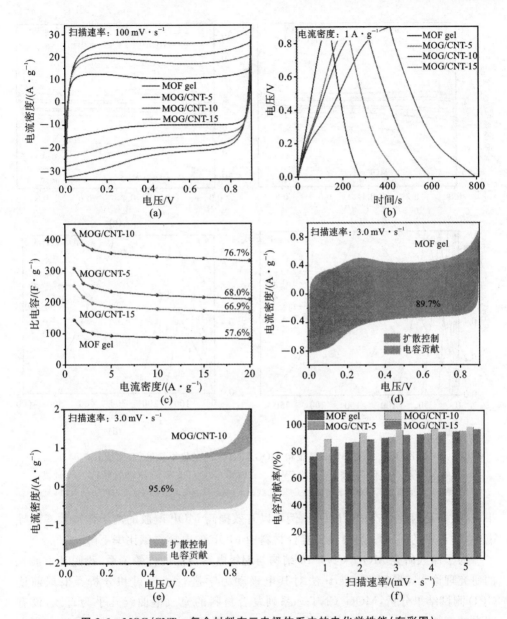

图 3-6　MOG/CNT-x 复合材料在三电极体系中的电化学性能(有彩图)

(a)100 mV·s^{-1}扫描速率下的 CV 曲线对比;(b)1 A·g^{-1}时的 GCD 曲线对比;(c)不同电流
密度下的比电容值对比;(d)、(e)原始 MOF 凝胶和 MOG/CNT-10 在 3.0 mV·s^{-1}下的 CV 曲线,
其中阴影部分为电容贡献型比电容;(f)不同扫描速率下电容贡献率的对比柱状图

容保持率均低于 MOG/CNT-10(76.7%)。这直观地表明,添加适量的 CNTs 可以
提高原始 MOF 凝胶的比电容和倍率性能,但是过量的 CNTs 有可能产生负面效

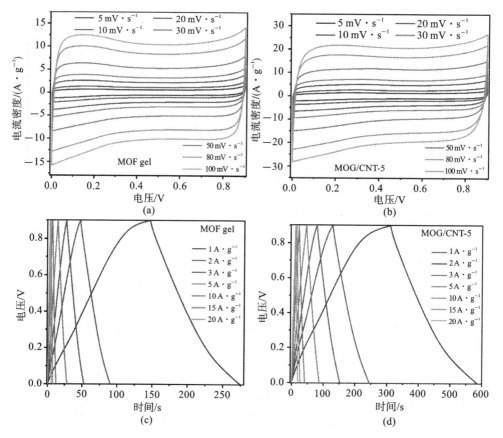

图 3-7　原始 MOF 凝胶和 MOG/CNT-5 的电化学性能（有彩图）
（a）原始 MOF 凝胶在不同扫描速率下的 CV 曲线；（b）MOG/CNT-5 在不同扫描速率下的 CV 曲线；
（c）原始 MOF 凝胶在不同电流密度下的 GCD 曲线；（d）MOG/CNT-5 在不同电流密度下的 GCD 曲线

果，这主要是因为合适的 CNTs 比例可以有效提高 MOF 凝胶的离子传输效率和导电性，而过多的 CNTs 则会导致复合材料中 MOF 的电容贡献比率下降。

为了深入研究 MOG/CNT-10 结构与超级电容性能的构效关系，我们基于前人的研究理论[32]，采用 Trasatti 法对其电极动力学进行了探讨和分析。根据前述 GCD 测试结果分析，MOG/CNT-x 系列复合材料的充放电曲线几乎为直线，没有明显的充放电平台出现，说明 MOG/CNT-x 系列复合材料的储能过程是以电容主导的双电层电容机理为主，而不是由扩散控制的电池型储能机制来主导。通常这两种机制所产生的电容可以通过不同扫描速率下的相关 CV 曲线进行量化区分，具体公式如下：

$$i(V) = k_1 v + k_2 v^{1/2} \tag{3-3}$$

式中，$i(V)$、v、k_1 和 k_2 分别表示总电流响应、扫描速率、电容效应电流系数和扩散控

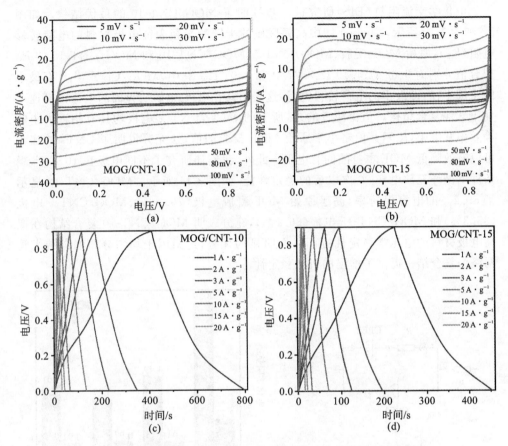

图 3-8　MOG/CNT-10 和 MOG/CNT-15 的电化学性能(有彩图)

(a)MOG/CNT-10 在不同扫描速率下的 CV 曲线;(b)MOG/CNT-15 在不同扫描速率下的 CV 曲线;
(c)MOG/CNT-10 在不同电流密度下的 GCD 曲线;(d)MOG/CNT-15 在不同电流密度下的 GCD 曲线

制过程电流系数。此外,在低扫描速率(1~5 mV·s^{-1})下进行循环伏安测试,可以降低扫描速率对分析结果的影响。如图 3-6(d)和图 3-6(e)所示,各样品中电容部分对应的积分面积均在 75% 以上,充分说明四种电极在充放电过程中,电容行为占据了主导地位,这个结论与前述 CV 测试和 GCD 测试的分析结果一致。图 3-6(f)列举了不同样品的电容贡献率的对比数据,可以看到,所有样品的电容贡献率均随扫描速率的增加而增加,这是快速扫描时扩散过程被大幅度抑制所导致的。在 1 mV·s^{-1}、2 mV·s^{-1}、3 mV·s^{-1}、4 mV·s^{-1} 和 5 mV·s^{-1} 时,MOG/CNT-10 的电容贡献率分别为 88.7%、93.2%、95.6%、96.5% 和 97.6%,均高于同等条件下的原始 MOF 凝胶(75.8%~94.2%)、MOG/CNT-5(78.8%~94.8%)和 MOG/CNT-15(83.2%~95.9%)。这些结果表明,MOG/CNT-10 具有最佳的电极动力学表现,这也从侧面解释了该复合材料具有最优倍率性能的原因。

电化学交流阻抗(EIS)研究进一步证明了 MOG/CNT-10 的最优结构。如图 3-9 和图 3-10 所示,Nyquist 图中高频区域的半圆的半径表征电极材料的电荷转移电阻(R_{ct}),原始 MOF 凝胶、MOG/CNT-5、MOG/CNT-10 和 MOG/CNT-15 的 R_{ct} 拟合值分别为 8.39 Ω、4.49 Ω、3.27 Ω 和 4.01 Ω。其中,MOG/CNT-10 具有最小的半圆半径,即最小的电荷转移电阻,这表明其在电极-电解质界面的电荷传输速率优于其他复合结构。值得注意的是,所有的 MOG/CNT-x 电极均具有相近大小的等效串联电阻(R_s),其值略小于原始 MOF 凝胶的值,这充分说明了 CNTs 的加入可以有效降低 MOF 本身的固有电阻。此外,我们还研究了不同电极在 10 A·g^{-1} 条件下循环充放电 3000 次以后的稳定性能,如图 3-11 所示。MOG/CNT-10 显示了 89.2% 的电容保持率,高于原始 MOF 凝胶电极(76.4%)、MOG/CNT-5 电极(83.3%)和 MOG/CNT-15 电极(86.1%),充分表明 MOG/CNT-10 复合结构在提高电极材料的电化学稳定性方面具有明显的优势,这归因于均匀分布的碳纳米管网络为复合结构提供了增强的机械稳定性。

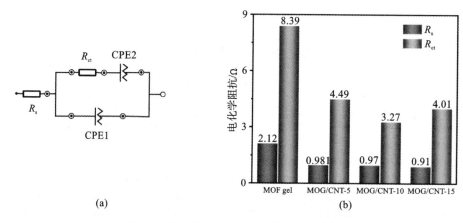

(a)   (b)

图 3-9 不同 MOG/CNT-x 样品的阻抗拟合结果

(a)基于 Nyquist 曲线的等效电路图;(b)不同 MOG/CNT-x 样品的交流阻抗拟合值

为了进行综合比较,我们利用雷达图对所有样本进行分析,采用与超级电容器性能相关的 5 个关键参数作为指标,具体包括比电容(1 A·g^{-1} 时的比电容)、电极动力学行为(1 mV·s^{-1} 时的电容贡献率)、倍率性能(20 A·g^{-1} 时的电容保持率)、电荷转移性能($1/R_{ct}$)以及循环稳定性(在 10 A·g^{-1} 条件下循环 3000 次),如图 3-12所示。可以比较直观地看出,原始 MOF 凝胶在各个方向上的性能都是最差的,而加入少量 CNTs(5%)可以提高其导电性和电荷转移能力,从而使比电容和倍率性能明显提高。当 CNTs 含量进一步增加到 10% 时,MOF 主体与 CNTs 客体之间具有优异的分散性和良好的相互作用关系,因而 MOG/CNT-10 呈现出最优的复合结构,这也使它在各种关键超级电容性能参数中都表现出了领先的优势。然而,

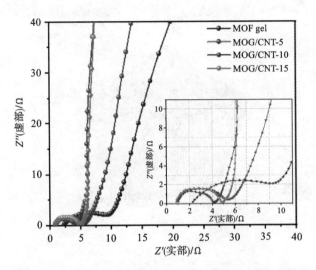

图 3-10　Nyquist 图及其高频区域放大图(插图)(有彩图)

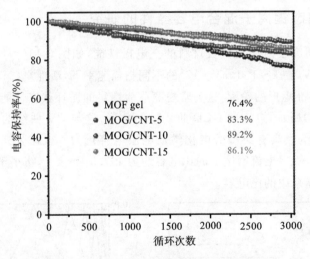

图 3-11　不同样品的循环测试性能(有彩图)

随着碳纳米管含量的进一步增加,多余的碳纳米管开始聚集,导致电极动力学性能下降,材料循环稳定能力也下降。特别是 MOG/CNT-15 电极,其比电容甚至低于 MOG/CNT-5 电极,这是因为 MOF 对超级电容的贡献率远高于 CNTs,过多的 CNTs 虽然能够在一定程度上改善导电性,但也极大地稀释了复合材料的有效电容贡献成分。综上所述,CNTs 的加入有效地提高了原始 MOF 凝胶的电化学性能,结果表明,CNTs 的最佳添加量为 10% 左右。

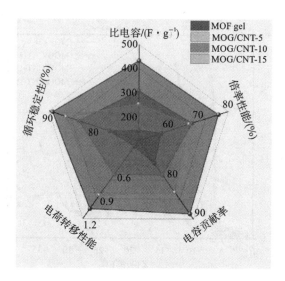

图 3-12　关键参数的雷达图(有彩图)

3.3.3　准固态锂离子混合电容器件的研究

我们首先研究了活性炭负极材料的三电极性能,如图 3-13(a)所示,选取电压窗口为 $-1\sim0$ V,在 $5\sim100$ mV·s^{-1} 的不同扫描速率下,活性炭(简称 AC)电极的 CV 曲线显示出准矩形的轮廓,这与常规商业活性炭的循环伏安性能表现一致。此外,如图 3-13(b)所示,对应的 GCD 曲线呈三角形,这与 CV 曲线的准矩形结果一致,均表明 AC 电极具有典型的电化学双电层电容行为。根据公式(3-1)计算出, AC 电极在 1 A·g^{-1} 电流密度下的比电容约为 197.8 F·g^{-1},略小于它在 KOH 或 H$_2$SO$_4$ 电解质体系中的比电容。

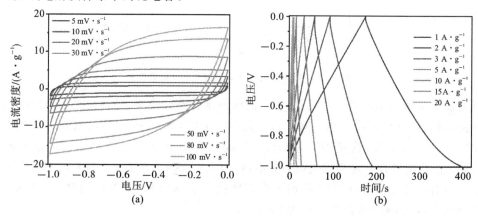

图 3-13　活性炭电极在三电极体系中的电化学性能(有彩图)

(a)不同扫描速率下的 CV 曲线;(b)不同电流密度下的 GCD 曲线

考虑到 MOG/CNT-10 复合材料在结构上的优势,我们进一步考察了该复合材料在超级电容器实践应用方面的表现。如图 3-14(a)所示,以 MOG/CNT-10 作为正极材料,商用活性炭作为负极材料,PVA-Li₂SO₄ 凝胶作为电解质和隔膜,组装了一个准固态锂离子混合电容器件(简称 QLHC),并采用 CV 法和 GCD 法研究了该装置的电容性能。

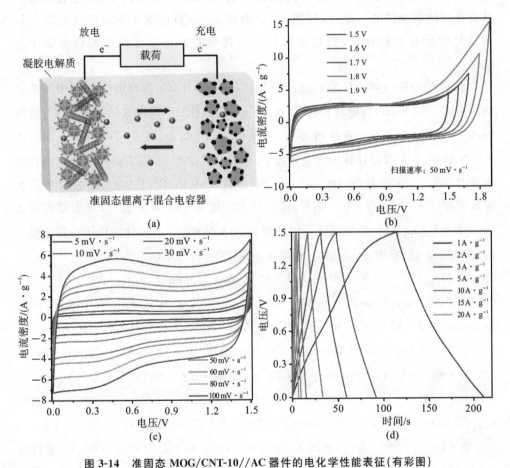

(a)

(b)

(c)

(d)

图 3-14　准固态 MOG/CNT-10//AC 器件的电化学性能表征(有彩图)

(a)器件结构示意图;(b)扫描速率为 50 mV·s⁻¹ 时不同电压窗口下的 CV 曲线;(c)工作电压窗口为 1.5 V 时不同扫描速率下的 CV 曲线;(d)不同电流密度下的 GCD 曲线

为了使组装的电容器件具有最佳的电化学性能,我们根据电荷平衡理论来评估正极和负极材料的有效负载量。根据公式(3-2)计算可知,MOG/CNT-10 与 AC 在电极上的质量比约为 0.51。测试之前,首先通过改变 CV 电压来确定 QLHC 的合适工作电位,图 3-14(b)展示了器件在 50 mV·s⁻¹ 扫描速率下的不同工作电位情况。在 1.6～1.9 V 的电压窗口下，CV 曲线存在明显的极化效应，这主要是由于电解液在高电压下的分解限制所致。在 0～1.5 V 电压范围内，CV 曲线呈对称形状，具有良好的工作形态，因此工作电压窗口选定为 1.5 V。如图 3-14(c)所示，我们于 0～1.5 V 区间内测试了器件在不同扫描速率下的 CV 曲线。所有曲线的形态饱满，在不同扫描速率下未观察到明显的变形，这表明器件具有良好的倍率性能。此外，如图 3-14(d)所示，GCD 曲线在不同电流密度下具有良好的形状对称性，表明电极材料具有良好的电化学可逆性和较高的库仑效率。

根据公式(3-1)可计算出 C_{sp} 值，图 3-15(a)展示了 C_{sp} 值与电流密度相关的函数。由图 3-15 可知，当电流密度为 1 A $\cdot$ g^{-1} 时，QLHC 器件显示的最大 C_{sp} 值为 64.5 F $\cdot$ g^{-1}。随着电流密度增加到 20 A $\cdot$ g^{-1}，C_{sp} 降至 44.0 F $\cdot$ g^{-1}。根据公式 $E = C(\Delta V)^2 / 7.2$ 可以计算出能量密度 E，根据公式 $P = 3600E/\Delta t$ 可以计算出功率密度 P。图 3-15(b)为 QLHC 器件的拉贡曲线。MOG/CNT-10//AC 器件的最大能量密度可达 20.2 W $\cdot$ h $\cdot$ kg^{-1}，此时功率密度为 750 W $\cdot$ kg^{-1}，当能量密度为 13.8 W $\cdot$ h $\cdot$ kg^{-1} 时，功率密度可保持在 15.0 kW $\cdot$ kg^{-1}。该性能优于一些已报道的 MOF 基超级电容器件，例如 Cu-BGPD//rGO(15.25 W $\cdot$ h $\cdot$ kg^{-1}，850 W $\cdot$ kg^{-1})[33]、Ni/Co-MOF//AC(12.8 W $\cdot$ h $\cdot$ kg^{-1}，372.5 W $\cdot$ kg^{-1})[34]、CoMn-MOF//graphene(17.9 W $\cdot$ h $\cdot$ kg^{-1}，785.7 W $\cdot$ kg^{-1})[35]、Co-MOF/graphene//AC(8.1 W $\cdot$ h $\cdot$ kg^{-1}，850 W $\cdot$ kg^{-1})[36]、Ni-MOF/rGO-300//AC(17.13 W $\cdot$ h $\cdot$ kg^{-1}，750 W $\cdot$ kg^{-1})[37]、Cu-MOF//Cu-MOF(18.2 W $\cdot$ h $\cdot$ kg^{-1}，825 W $\cdot$ kg^{-1})[38]、Fe-MOF@AC//CC(16.24 W $\cdot$ h $\cdot$ kg^{-1}，897.5 W $\cdot$ kg^{-1})[39]、Cd-MOF//AC(11.25 W $\cdot$ h $\cdot$ kg^{-1}，500 W $\cdot$ kg^{-1})[40]、ZZIF8//MZIF8(18.75 W $\cdot$ h $\cdot$ kg^{-1}，500 W $\cdot$ kg^{-1})[41] 和 Cu-CAT//Cu-CAT(2.6 W $\cdot$ h $\cdot$ kg^{-1}，200 W $\cdot$ kg^{-1})[42] 等。此外，如图 3-15(c)所示，组装的 MOG/CNT-10//AC 器件在 10 A $\cdot$ g^{-1} 电流密度下充放电 8000 次后，电容保持率为 89.4%，表现出良好的循环稳定性，这归因于 MOG/CNT-10 的优异复合结构。此外，我们制备的 MOG/CNT-10 干凝胶，具有较低的密度，图 3-15(c)的插图展示了其能够轻松地置于树叶之上，这种材料更有利于实际应用。包装好的 MOG/CNT-10//AC 器件如图 3-15(d)所示，其精细组装结构如图 3-15(h)所示，该准固态锂离子超级电容器件可以点亮一个红色的发光二极管(LED)，持续供电时间可以超过 5 min，如图 3-15(e)～图 3-15(g)所示，这表明该储能器件具有良好的实际应用潜力。

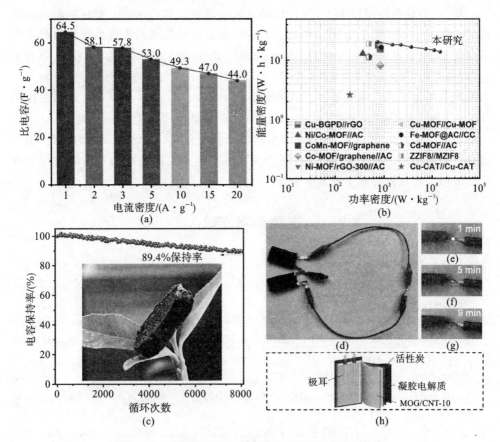

图 3-15　准固态锂离子电容器件的实践性能(有彩图)

(a)比电容随电流密度变化的柱状图;(b)基于能量密度和功率密度的拉页曲线图;(c)在 10 A · g⁻¹
电流密度下经 8000 次充放电的循环稳定性能,插图为 MOG/CNT-10 干凝胶放置于树叶上的
照片;(d)QLHC 装置的照片;(e)、(f)、(g)QLHC 装置点亮一个 LED 指示灯,经过不同时间
以后的亮度;(h)QLHC 装置的精确示意图

3.4　本章小结

　　综上所述,本研究报道了一种绿色的原位物理混合策略,用以构建 MOF/
CNTs 复合型结构。研究发现,通过改变碳纳米管的添加量(从 1% 到 20%),
MOF/CNTs 复合材料呈现不同的分散性和结构致密性。当碳纳米管添加量为
10% 时,MOF 主体和碳纳米管客体之间具有均匀的分散性和良好的相互作用。具
有最佳结构的 MOG/CNT-10,能够在电流密度为 1 A · g⁻¹时提供 431.6 F · g⁻¹的
优异比电容。基于 1 mol/L Li₂SO₄ 电解液体系,该电极可以在 0.9 V(参比电极为

Ag/AgCl)的高电压窗口下工作,并具备良好的循环性能,3000 次充放电循环后电容保持率达到 89.2%。此外,研究结果表明,添加过量的碳纳米管会导致材料发生局部聚集,进而导致电极的动力学性能下降。此外,我们以 MOG/CNT-10 作为正极材料,商用活性炭作为负极材料,PVA-Li$_2$SO$_4$ 凝胶作为电解质和隔膜,组装了一个准固态锂离子混合电容器件。该装置显示出 20.2 W·h·kg^{-1} 的高能量密度和 750 W·kg^{-1} 的高功率密度,在 10 A·g^{-1} 电流密度下,器件循环充放电 8000 次后的电容保持率可达 89.4%,展现了良好的循环稳定性能。本研究成果为构建 MOF 基复合结构提供了一个新的方向,同时为制造其他具有先进结构和高效电化学性能的多相混合材料贡献了现实案例。

本章参考文献

[1] XIAO X,ZOU L L,PANG H,et al. Synthesis of micro/nanoscaled metal-organic frameworks and their direct electrochemical applications[J]. Chemical Society Reviews,2020,49(1): 301-331.

[2] ZHANG A T,ZHANG Q,FU H C,et al. Metal-organic frameworks and their derivatives-based nanostructure with different dimensionalities for supercapacitors[J]. Small,2023, 19(48):2303911.

[3] ZHAO W B,ZENG Y T,ZHAO Y H,et al. Recent advances in metal-organic framework-based electrode materials for supercapacitors:a review[J]. Journal of Energy Storage,2023, 62:106934.

[4] WANG D G,LIANG Z,GAO S,et al. Metal-organic framework-based materials for hybrid supercapacitor application[J]. Coordination Chemistry Reviews,2020,404:213093.

[5] SHAH R H,ALI S,RAZIQ F,et al. Exploration of metal organic frameworks and covalent organic frameworks for energy-related applications[J]. Coordination Chemistry Reviews, 2023,477:214968.

[6] CAO Z W,MOMEN R,TAO S S,et al. Metal-organic framework materials for electrochemical supercapacitors[J]. Nano-Micro Letters,2022,14:181.

[7] JANG Y,KIM S M,SPINKS G M,et al. Carbon nanotube yarn for fiber-shaped electrical sensors,actuators,and energy storage for smart systems[J]. Advanced Materials,2020, 32:1902670.

[8] ZHONG M Z,ZHANG M,LI X F. Carbon nanomaterials and their composites for supercapacitors[J]. Carbon Energy,2022,4(5):950-985.

[9] WEN P,GONG P W,SUN J F,et al. Design and synthesis of Ni-MOF/CNT composites and rGO/carbon nitride composites for an asymmetric supercapacitor with high energy and power density[J]. Journal of Materials Chemistry A,2015,3(26):13874-13883.

[10] SHEN C H,CHUANG C H,GU Y J,et al. Cerium-based metal-organic framework

nanocrystals interconnected by carbon nanotubes for boosting electrochemical capacitor performance[J]. ACS Applied Materials & Interfaces,2021,13:16418-16426.

[11] ZHANG Y D,LIN B P,SUN Y,et al. Carbon nanotubes@metal-organic frameworks as Mn-based symmetrical supercapacitor electrodes for enhanced charge storage[J]. RSC Advances, 2015,5(72):58100-58106.

[12] LU M X,WANG G,YANG X P,et al. *In situ* growth CNT@MOFs core-shell structures enabling high specific supercapacitances in neutral aqueous electrolyte[J]. Nano Research, 2022,15(7):6112-6120.

[13] ANSARI S N,SARAF M,GUPTA A K,et al. Functionalized Cu-MOF@CNT hybrid: synthesis,crystal structure and applicability in supercapacitors[J]. Chemistry-An Asian Journal,2019,14:3566-3571.

[14] TANG X X,WANG H,FAN J,et al. CNT boosted two-dimensional flaky metal-organic nanosheets for superior lithium and potassium storage[J]. Chemical Engineering Journal, 2022,430:133023.

[15] WANG X,DONG A R,HU Y,et al. A review of recent work on using metal-organic frameworks to grow carbon nanotubes [J]. Chemical Communications, 2020, 56 (74): 10809-10823.

[16] AJDARI F B,KOWSARI E,EHSANI A. Ternary nanocomposites of conductive polymer/ functionalized GO/MOFs: synthesis, characterization and electrochemical performance as effective electrode materials in pseudocapacitors[J]. Journal of Solid State Chemistry,2018, 265:155-166.

[17] LI X,YANG X Y,SHA J Q,et al. POMOF/SWNT nanocomposites with prominent peroxidase-mimicking activity for l-cysteine"on-off switch"colorimetric biosensing[J]. ACS Applied Materials & Interfaces,2019,11:16896-16904.

[18] CHRONOPOULOS D D,SAINI H,TANTIS I,et al. Carbon nanotube based metal-organic framework hybrids from fundamentals toward applications[J]. Small,2022,18:2104628.

[19] BISWAS S, LAN Q C, XIE Y, et al. Label-free electrochemical immunosensor for ultrasensitive detection of carbohydrate antigen 125 based on antibody-immobilized biocompatible MOF-808/CNT [J]. ACS Applied Materials & Interfaces, 2021, 13 (2): 3295-3302.

[20] DUMÉE L,HE L,HILL M,et al. Seeded growth of ZIF-8 on the surface of carbon nanotubes towards self-supporting gas separation membranes [J]. Journal of Materials Chemistry A,2013,1:9208-9214.

[21] YANG J,LI P F,WANG L J,et al. *In-situ* synthesis of Ni-MOF@CNT on graphene/Ni foam substrate as a novel self-supporting hybrid structure for all-solid-state supercapacitors with a high energy density[J]. Journal of Electroanalytical Chemistry,2019,848:113301.

[22] GOU L,LIU P G,LIU D,et al. Rational synthesis of Ni$_3$(HCOO)$_6$/CNT ellipsoids with enhanced lithium storage performance:inspired by the time evolution of the growth process

of a nickel formate framework[J]. Dalton Transactions,2017,46:6473-6482.

[23] WANG Y, ZHANG Y D, SHAO R, et al. FeSe and Fe_3Se_4 encapsulated in mesoporous carbon for flexible solid-state supercapacitor [J]. Chemical Engineering Journal, 2022, 442:136362.

[24] RYOO D, KIM J Y, DUY P K, et al. Fast and non-destructive Raman spectroscopic determination of multi-walled carbon nanotube (MWCNT) contents in MWCNT/polydimethylsiloxane composites[J]. Analyst,2018,143:4347-4353.

[25] FAN X L, WANG Y Y, ZENG M, et al. Boosting the polysulfides adsorption-catalysis process on carbon nanotube interlayer via a simple polyelectrolyte-assisted strategy for high-performance lithium sulfur batteries [J]. Journal of Alloys and Compounds, 2022, 894:162556.

[26] TONG Y P, LIANG Y, HU Y X, et al. Synthesis of ZIF/CNT nanonecklaces and their derived cobalt nanoparticles/N-doped carbon catalysts for oxygen reduction reaction[J]. Journal of Alloys and Compounds,2020,816:152684.

[27] ZHANG Y D,DING J F,XU W,et al. Mesoporous $LaFeO_3$ perovskite derived from MOF gel for all-solid-state symmetric supercapacitors[J]. Chemical Engineering Journal,2020, 386:124030.

[28] HORCAJADA P,SURBLÉ S,SERRE C,et al. Synthesis and catalytic properties of MIL-100(Fe),an iron(iii)carboxylate with large pores[J]. Chemical Communications,2007,27: 2820-2822.

[29] QIAO X C, JIN J T, LUO J M, et al. In-situ formation of N doped hollow graphene nanospheres/CNTs architecture with encapsulated $Fe_3C@C$ nanoparticles as efficient bifunctional oxygen electrocatalysts[J]. Journal of Alloys and Compounds,2020,828:154238.

[30] PRABAKARAN K,INGAVALE S B,KAKADE B. Three dimensional NiS_2-$Ni(OH)_2$/CNT nanostructured assembly for supercapacitor and oxygen evolution reaction[J]. Journal of Alloys and Compounds,2020,812:152126.

[31] TU Q,ZHANG J Y,CAI S Y,et al. One-step preparation of NiV-LDH@CNT hierarchical composite for advanced asymmetrical supercapacitor[J]. Advanced Engineering Materials, 2022,24(9):2101174.

[32] CHEN Z,AUGUSTYN V,JIA X L,et al. High-performance sodium-ion pseudocapacitors based on hierarchically porous nanowire composites[J]. ACS Nano,2012,6:4319-4327.

[33] RONG H R,GAO G X,LIU X C,et al. Asymmetric supercapacitor based on a 1D Cu-coordination polymer with high cycle stability[J]. Crystal Growth & Design,2023,23(8): 5437-5445.

[34] SUN S Y,HUANG M J,WANG P C,et al. Controllable hydrothermal synthesis of Ni/Co MOF as hybrid advanced electrode materials for supercapacitor [J]. Journal of the Electrochemical Society,2019,166(10):A1799.

[35] CHENG T M,HSIEH C H,SHANG L D,et al. Effects of metal ratios and post treatments

on energy storage ability of cobalt manganese metal organic frameworks[J]. Journal of Energy Storage,2023,68:107730.

[36] AZADFALAH M,SEDGHI A,HOSSEINI H,et al. Cobalt based metal organic framework/ graphene nanocomposite as high performance battery-type electrode materials for asymmetric supercapacitors[J]. Journal of Energy Storage,2021,33:101925.

[37] ZHONG Y X,CAO X Y,LIU Y,et al. Homogeneous nickel metal-organic framework microspheres on reduced graphene oxide as novel electrode material for supercapacitors with outstanding performance[J]. Journal of Colloid and Interface Science,2020,561:265-274.

[38] DUBEY P,SHRIVASTAV V,MAHESHWARI P H,et al. Comparative study of different metal-organic framework electrodes synthesized using waste PET bottles for supercapacitor applications[J]. Journal of Energy Storage,2023,68:107828.

[39] RAMASUBRAMANIAN B,CHINGLENTHOIBA C,HUI Q X,et al. Fe-MOF@carbon nanocomposite electrode for supercapacitor[J]. Surfaces and Interfaces,2022,34:102397.

[40] DEKA R,RAJAK R,KUMAR V,et al. Effect of electrolytic cations on a 3D Cd-MOF for supercapacitive electrodes[J]. Inorganic Chemistry,2023,62:3084-3094.

[41] BOORBOOR A F,DASHTI N M,IZADPANAH O M,et al. A symmetric ZnO-ZIF8//Mo-ZIF8 supercapacitor and comparing with electrochemical of Pt,Au,and Cu decorated ZIF-8 electrodes[J]. Journal of Molecular Liquids,2021,333:116007.

[42] LI W H,DING K,TIAN H R,et al. Conductive metal-organic framework nanowire array electrodes for high-performance solid-state supercapacitors [J]. Advanced Functional Materials,2017,27:1702067.

第4章 金属有机框架材料衍生单相金属氧化物应用于超级电容器

4.1 引　言

　　钙钛矿广泛应用于能源领域,例如太阳能电池、固体氧化物燃料电池、锂离子电池和超级电容器等,成为能量转换装置和电能存储装置之间的有前途的桥梁[1-5]。钙钛矿的通式为 ABO_3,其中 A 位阳离子可以是镧系元素或碱土元素,B 位阳离子通常是过渡金属元素[6]。目前,不同领域的研究人员已经开发了各种制备这种多金属化合物的策略,例如溶胶-凝胶法、水热反应法、固相反应法、熔盐合成法和声化学法等[7-11]。其中,溶胶-凝胶策略因其优异的化学均匀性和在控制颗粒尺寸、形态、化学性质和结构方面的潜力而备受关注[12-15]。虽然溶胶-凝胶法是获得理想产品的热门途径,但制备凝胶前驱体的过程十分复杂。通常,溶胶-凝胶的形成需要多种络合剂、特定的 pH 条件和高温处理过程来促进金属盐的络合成胶[16-18]。此外,传统的溶胶-凝胶合成过程耗时很长,通常,获得早期的溶胶需要超过 10 h 的时间,还需要额外的时间形成凝胶[19-21]。除了化学均匀性,获得多孔结构对于功能材料也十分重要,尤其是对于需要特定多孔结构来传递电解质离子和存储电荷的电极材料。然而,相关领域还没有报道将特定多孔结构引入溶胶-凝胶技术的方法,因此,有必要开发一种新的有效策略来应对所有这些挑战。

　　金属有机框架(简称 MOF)材料由于易于转化为多孔金属氧化物纳米颗粒,是材料合成中非常受欢迎的热分解前驱体[22,23]。众所周知,由于配位化学的限制,目前已报道的大多数 MOF 都是用单金属元素合成的。然而,采用含有单金属元素的 MOF 前驱体制备多金属氧化物,效果往往不佳,这是因为它难以形成具有良好化学均匀性的前驱体。因此,利用 MOF 作为热分解模板或者前驱体的研究仍集中在制备单金属氧化物上,例如 HKUST-1 衍生的 CuO[24]、ZIF-67 衍生的 Co_3O_4[25]、MIL-88 衍生的 Fe_2O_3[26] 和 MOF-5 衍生的 ZnO[27] 等,都是经典的单金属衍生物。为了更好地利用单金属 MOF 前驱体制备多金属衍生物,研究人员尝试引入物理搅拌、机械研磨、超声波混合和溶液浸渍等混合技术[28-31]。尽管这些策略能够在一定程度上解决前驱体的均匀性问题,但是它们基本都属于将金属盐和固体 MOF 颗粒进行后组装的物理混合范畴,因而难以获得较为理想的混合均匀的前驱体。另外,尽管在利用 MOF 制备多金属氧化物方面已经发展了众多合成技术,然而时至今日,这些策略依然没有得到任何针对性的改进和发展,尤其在利用 MOF 前驱体制备尖晶石、钙钛矿等金属矿物型氧化物方面。

基于上述考虑,我们提出了一种以金属有机凝胶为前驱体制备钙钛矿型金属氧化物的新方法,该方法能够充分结合传统溶胶-凝胶技术在化学均匀性方面以及 MOF 模板在构筑多孔衍生物方面的优势。具体来讲,MOF 凝胶模板法具有以下优点:第一,它简化了凝胶前驱体的制备过程,因为它只使用金属盐和配体,而不需要任何络合剂。第二,这种金属有机凝胶可以在常压和室温条件下形成,而不需要维持特定的 pH 条件或者复杂的高温处理过程。第三,在该技术中,MOF 凝胶前驱体的形成时间可以得到有效控制,与传统研究相比,这种 MOF 凝胶的凝结时间可以通过调节合成浓度进行控制,能够在数天和数秒之间任意切换[32-34]。第四,由于额外的金属源是在 MOF 凝胶形成的同时进行原位混合的,是一种液相下的混合,因而这种含有多金属源的 MOF 前驱体是具有化学均匀性的。第五,制备过程可以推广至其他更多金属,通过预混合,可以简单地将一个或多个金属源均匀地分散于 MOF 凝胶网络中。第六,这种多金属 MOF 凝胶前驱体能够将其多孔性和化学均匀性传递至衍生产品中,从而使衍生物获得优异的结构和性能。

为了发展具备高能量密度的全固态对称超级电容器,我们在本章介绍了一种基于 MOF 凝胶的制备介孔 $LaFeO_3$ 钙钛矿纳米颗粒的简单快速方法,具体流程如图 4-1 所示。本方法使用 MIL-100-Fe 凝胶来制备前驱体,因为它含有大量的铁,不仅具有良好的氧化还原活性,而且材料廉价易得。以往的研究表明,氢键、范德华力和 π-π 相互作用等物理作用可以使 MOF 纳米颗粒聚集成凝胶态[35]。基于此,我们在不调节 pH 条件、不加热的情况下,利用均苯三甲酸(简称 H_3BTC)和普通的金属铁盐、镧盐作为原料,能够在几秒钟内制备含有金属镧的 MOF 凝胶前驱体。为了方便分析,我们把该前驱体简称为 MOG-La-Fe。通过进一步热解 MOG-La-Fe,获得了具有介孔结构的 $LaFeO_3$ 纳米颗粒。这种新颖的前驱体在多孔性和均匀性方面具有优越性,因此衍生的钙钛矿材料具有独特的结构。将 $LaFeO_3$ 纳米颗粒制备成工作电极,它可以在 $1 \ A \cdot g^{-1}$ 时实现较高的比电容($241.3 \ F \cdot g^{-1}$),即使在 $20 \ A \cdot g^{-1}$ 的大电流密度下仍能维持 68% 的电容保持率,这表明我们开发的介孔 $LaFeO_3$ 材料在超级电容器中的应用潜力巨大。此外,基于 $LaFeO_3$ 纳米粒子的全固态对称超级电容器件,可以实现 1.8 V 的宽电压窗口,$34 \ W \cdot h \cdot kg^{-1}$ 的高能量密度,以及 $900 \ W \cdot kg^{-1}$ 的高功率密度。器件在经过 5000 次循环以后,电容保持率高达 92.2%。这些超级电容性能优于之前报道的大部分凝胶法所衍生的钙钛矿型电极材料,甚至可以与部分 MOF 衍生的铁基氧化物比肩。为了验证器件的实际应用性能,我们将一块太阳能电池板与全固态超级电容装置进行耦连,利用太阳能充电以后的超级电容器件,可以点亮一个红色的发光二极管(LED)。这项工作初步展现了将能量转换和能量存储结合在一起的超前思维,也为钙钛矿材料和能源器件之间搭建了重要的桥梁。

扫码查看
第 4 章彩图

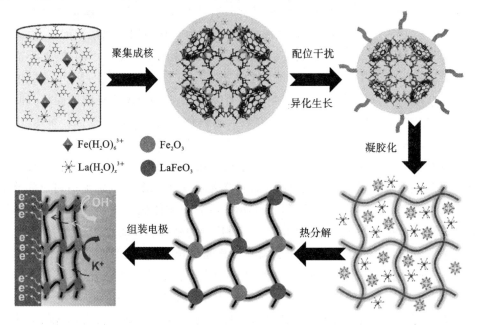

图 4-1 根据 MOF 凝胶模板法合成 LaFeO₃ 钙钛矿的流程示意图(有彩图)

4.2 实 验 部 分

4.2.1 材料准备

本章实验中所使用的各类化学试剂及耗材如表 4-1 所示,所有化学品在使用过程中未经任何额外的处理和净化。

表 4-1 实验材料与化学试剂

试剂和耗材	规格	生产厂家
La(NO₃)₃ · 6H₂O	分析纯	国药集团化学试剂有限公司
Fe(NO₃)₃ · 9H₂O	分析纯	国药集团化学试剂有限公司

试剂和耗材	规格	生产厂家
均苯三甲酸	分析纯	国药集团化学试剂有限公司
无水乙醇	分析纯	国药集团化学试剂有限公司
聚四氟乙烯	99%	国药集团化学试剂有限公司
乙炔黑	—	山西力之源电池材料有限公司
Na_2SO_4	分析纯	国药集团化学试剂有限公司
饱和甘汞电极	CHI660E	上海辰华仪器有限公司
铂片	99.99%	上海辰华仪器有限公司
商用活性炭	—	江苏先丰纳米材料科技有限公司
PVA(聚乙烯醇)	分析纯	天津安诺合新能源科技有限公司
泡沫镍	1.0 mm 厚	天津安诺合新能源科技有限公司

4.2.2　MOF 凝胶前驱体(MOG-La-Fe)的合成

$La(NO_3)_3 \cdot 6H_2O$ 和 $Fe(NO_3)_3 \cdot 9H_2O$ 是 La 元素和 Fe 元素的来源,根据文献[36]的报道,本实验对一些关键合成步骤进行了修改,利用改性的方法制备了 MOF 凝胶前驱体 MOG-La-Fe。具体步骤如下:将 $La(NO_3)_3 \cdot 6H_2O$(10 mmol)和 $Fe(NO_3)_3 \cdot 9H_2O$(10 mmol)分散在 30 mL 乙醇溶剂(CH_3CH_2OH)中,然后超声振荡搅拌1 min使其快速溶解,形成的均匀溶液命名为 A 溶液;另外,将均苯三甲酸(10 mmol)溶解在 30 mL 乙醇溶剂中形成溶液 B。将 A 溶液和 B 溶液在室温和常压条件下,于烧杯中快速混合,并辅以连续剧烈的搅拌,直至溶液凝结形成凝胶,凝结过程约为 2 min。为了研究反应物浓度对凝结时间的影响,我们还制备了以 $Fe(NO_3)_3 \cdot 9H_2O$ 为基体的具有不同金属比例的前驱体作为参照物,金属盐与 H_3BTC 的摩尔比用 M/BTC 符号表述。

4.2.3　$LaFeO_3$ 的制备

使用上述步骤中制备的 MOG-La-Fe 作为牺牲模板,通过简单的热解过程来获得目标钙钛矿材料。首先将 MOG-La-Fe 前驱体在空气中老化数小时,然后在真空条件下干燥 3 h,干燥后的样品记为 MOX-La-Fe;随后,将 MOX-La-Fe 放入瓷舟,置于马弗炉中,并以 5 ℃/min 的升温速率加热到 700 ℃,在空气中保持数小时;等待产物自然冷却至室温,即得到 $LaFeO_3$ 的粉末。

4.2.4 物理化学表征

在 Bruker-D8 型先进 X 射线衍射仪上,采用 Cu-Kα 辐射(40 kV,200 mA)记录了 X 射线衍射(XRD)谱。在加速电压为 20.0 kV 的 FEI 400FEG 和 Tecnai G2 F30 上分别进行了扫描电镜(SEM)和透射电镜(TEM)观察。热重分析(TG)是使用 TG-Q500 设备,在加热速率为 10 ℃·min^{-1} 的空气环境中进行的。X 射线光电子能谱(XPS)结果采用 ESCA Plus OMICROM 系统记录,测试条件为 10 kV 和 15 mA,使用非单色 Mg-Kα X 射线源,并且测试过程处于真空条件下,最后将 C 1s 峰的结合能校正为 284.5 eV。利用 Autosorb iQ2 进行氮气吸附/脱附测试,根据 Brunauer-Emmett-Teller(简称 BET)方法对氮气吸附/脱附等温线计算比表面积(specific surface area,简称 SSA),利用 Barrett-Joyner-Halenda 方程(简称 BJH)分析材料的孔径分布情况(pore size distribution,简称 PSD)。

4.2.5 电化学测量

利用上海辰华 CHI660E 电化学工作站搭建标准的三电极测试系统,在室温下进行了电化学阻抗谱(EIS)、恒电流充放电(GCD)以及循环伏安特性(CV)的测定。

电极的制备工艺:将质量分数为 90% 的活性物质、质量分数为 5% 的乙炔黑以及质量分数为 5% 的聚四氟乙烯黏合剂混合,制备了工作电极,并将其涂覆在泡沫镍上。样品的质量负荷约为 2.0 mg·cm^{-2}。干燥后,用 1 mol/L Na_2SO_4 电解液浸渍电极。

测试条件:分别用饱和甘汞电极(SCE)和铂片作为对电极和参比电极,EIS 交流阻抗谱数据的测试频率范围为 0.1~1 MHz,交流电压振幅为 10 mV。

4.2.6 全固态对称超级电容器件的制备

以 $LaFeO_3$ 作为正极材料和负极材料,采用 PVA-$NaNO_3$ 凝胶聚合物作为固态电解质,基于一片 PE 碱性电池隔膜组装了对称超级电容器。为了达到工作电压窗口的最大范围,负极材料与正极材料的质量比设定为 1∶1。

本章所使用的聚合物凝胶电解质是参照已报道的方法[37]制备的。首先,将 1.00 g PVA 溶于 10 mL 去离子水中,在搅拌状态下加热至 90 ℃,20 min 以后,自然冷却至室温。然后,加入 10 mL $NaNO_3$ 水溶液,继续搅拌 30 min,得到了 PVA-$NaNO_3$ 凝胶电解质。

将 80%(质量分数,余同)的活性物质、10% 的导电炭黑和 10% 的 PVDF 黏结剂,刮涂到泡沫镍电极片上。在组装固态超级电容器件之前,将预先制备的 PVA-

NaNO₃凝胶电解质均匀地涂覆在泡沫镍电极上,面积为 1 cm×2 cm,在空气中自然挥发3.0 h,确保电解质对电极材料的完全浸润。然后,将两片涂有凝胶电解质的电极片以及一片 PE 碱性电池隔膜,小心地捏合到一起,呈三明治结构,静置 24 h,直到有机凝胶固化。在对应的两个电极上焊接镍极耳,作为引出电极,再用硬塑料将整个装置都密封起来以起到保护作用,组装得到的器件即为全固态对称超级电容器。需要注意的是,在点亮指示灯时,采用的是一块预先准备好的太阳能电池板作为电源。

4.3　结果与讨论

4.3.1　MOF 凝胶前驱体的结构表征

正如上述实验过程所述,通过将含有 La 源的金属盐、含有 Fe 源的金属盐与有机配体 H₃BTC 在乙醇溶剂中有步骤地混合,我们成功地制备了含 La 元素的 MOF 凝胶,为方便表述将其命名为 MOG-La-Fe。我们研究了不同反应条件下的凝结时间,以确保 La³⁺ 能够均匀地分布于 Fe-MOF 凝胶中。在整个过程中,H₃BTC 的浓度始终保持稳定,金属与有机配体的比例(M/BTC)分别设定为 1∶2、1∶1、3∶2,M 代表 Fe 源的物质的量,La/Fe 摩尔比始终保持在 1∶1。研究发现,当 Fe/BTC 摩尔比变化时,凝胶的成形时间可以从两天缩短到几秒。从混合均匀性的角度来讲,凝胶固化时间过短或者过长都不合适,过短的固化时间会导致 La³⁺ 来不及分散,进而使其在凝胶中分布不均匀,而过长的固化时间则会显著延长前驱体的合成周期。因此,通过综合对比,最终将凝胶的固化时间控制在 2 min 左右,并辅以剧烈持续的搅拌操作,以同时确保化学均匀性和合成过程的高效性。

如图 4-2(a)所示,原始的湿凝胶(MOG-La-Fe)具有较大的体积,在经过自然的风干和脱水过程以后,其体积发生剧烈收缩。尽管干燥得到的干凝胶(MOX-La-Fe)体积显著变小,但是从外观上来看,其基本保持了 MOG-La-Fe 的圆柱状外观。这个现象从侧面表明,整个凝胶混合物具有良好的化学均匀性,因而才能在收缩过程中保持各向同性。为了确定该混合物的物理结构,利用 XRD 谱图对 MOX-La-Fe 粉体进行了表征,如图 4-2(b)所示,混合物的 XRD 谱图轮廓与 MIL-100-Fe (CCDC 编号 640536)[38] 的 XRD 标准模拟谱充分吻合,这表明干凝胶的主体中含有 MOF 的基本结构。根据以往的研究理论,金属有机网络整体的凝胶化是由纳米 MOF 颗粒的非均质聚集以及这些络合团簇在物理作用下的广泛堆积共同造成的。由于纳米 MOF 亚基粒子的非结晶形态,XRD 谱图显示了宽峰而非尖锐的结晶峰。MOX-La-Fe 前驱体的 SEM 表征如图 4-2(c)所示,图像表明 MOX-La-Fe 由众多细小的相互连接的颗粒组成,孔隙结构清晰,多呈海绵状。如图 4-2(d)所示,MOX-La-Fe 整体结构均匀,表面光滑,没有观察到明显的混合性界面,这表明前驱体的均匀性良好。

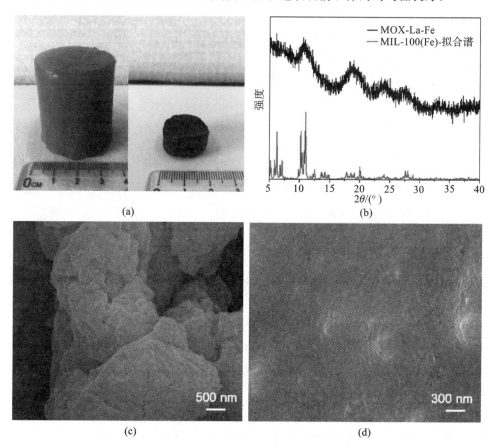

(a)

(b)

(c)

(d)

图 4-2　MOF 凝胶前驱体的结构表征结果(有彩图)

(a)MOG-La-Fe 湿凝胶与 MOX-La-Fe 干凝胶的对比照片;(b)X 射线
衍射谱和基于 MIL-100-Fe 模拟的标准 X 射线衍射谱;
(c)、(d)MOX-La-Fe 干凝胶在不同放大倍率下的 SEM 图像

　　为了确定混合凝胶前驱体中金属元素的分布情况,对元素分布图像进行了测试,如图 4-3 所示。结果表明,凝胶前驱体中所有元素相互穿插,具有良好的分散性。此外,整个 MOF 凝胶前驱体具有良好的结构组成,La 元素和 Fe 元素的原子比为 1:1,且相互之间分布均匀,能够充分保证 $LaFeO_3$ 颗粒在热解过程中的均匀生长。综上所述,鉴于该制备方法具有简单、快速、可控的凝胶合成步骤以及化学均匀的优异前驱体结构,我们认为这种基于 MOF 凝胶的新颖制备方法,适用于合成多孔性多金属氧化物。

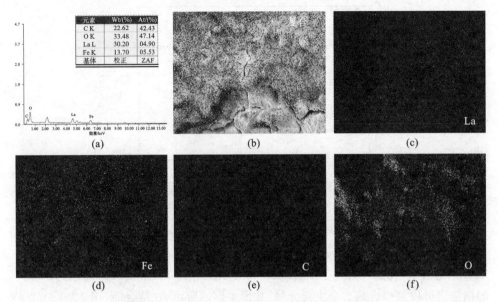

元素	Wt/(%)	At/(%)
C K	22.62	42.43
O K	33.48	47.14
La L	30.20	04.90
Fe K	13.70	05.53
基体	校正	ZAF

图 4-3　MOF 凝胶前驱体的元素分析结果（有彩图）

(a)EDX 分析谱；(b)不同元素叠加图；(c)La 元素的分布图；
(d)Fe 元素的分布图；(e)C 元素的分布图；(f)O 元素的分布图

4.3.2　LaFeO₃ 材料的结构表征

MOX-La-Fe 前驱体的热重分析的结果如图 4-4 所示，在 700 ℃左右产物不再失重，因此制备 LaFeO₃ 材料的退火温度选定为 700 ℃。我们采用粉末 XRD、XPS 和氮气吸附/脱附测试等技术手段，对焙烧得到的产品进行了结构表征和物性分析。MOX-La-Fe 前驱体经过 1 h、1.5 h、2 h 和 2.5 h 焙烧后的产物的 XRD 谱图如图 4-5(a)所示，在衍射角(2θ)为 22.6°、32.2°、39.7°、46.1°和 57.4°处出现的特征衍射峰，分别归属于 Pnma 空间群 LaFeO₃ 相的(101)、(121)、(220)、(202)和(123)晶面。不同煅烧条件下得到的产物，其 XRD 谱图均与理论标准谱图（PDF 卡号 88-0641）[39] 的峰型一致，这表明 MOX-La-Fe 前驱体经过煅烧以后转变成了具有钙钛矿结构的 LaFeO₃ 材料。从 XRD 谱图的峰型变化可知，LaFeO₃ 可以在 1 h 内形成。此外，随着煅烧时间的增加，尤其是当煅烧时间达到 2.5 h 以后，烧结产物的 XRD 特征峰变得更加尖锐，强度也更高，这表明产物的结晶性增强了，其主要原因是在烧结过程中，产物的颗粒发生了有序迁移，并伴随着晶粒长大现象。

为了进一步研究样品的化学组成，我们选取在 2.5 h 煅烧条件下获得的 LaFeO₃ 粉体进行了 XPS 表征，结果如图 4-5(b)～图 4-5(d)所示。在测量得到的

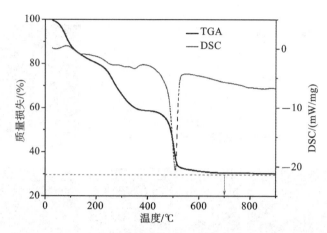

图 4-4　MOX-La-Fe 干凝胶在空气条件下的热重分析图（有彩图）

图中的红色箭头表示目标煅烧温度

XPS 总光谱中，我们观察到了 La、Fe、C 和 O 元素信号，如图 4-5（b）所示。La 元素的精细谱可以被拟合成 6 个主要分峰，如图 4-5（c）所示，在结合能（BE）为 834.2 eV 和 851.0 eV 处的主峰分别对应于 La（Ⅲ）的 La $3d_{5/2}$ 和 La $3d_{3/2}$ 轨道，这两个峰之间的能量差异约为 16.8 eV，说明了样品主相中存在三价 La^{3+} 离子[40]。此外，在结合能为 837.0 eV、838.6 eV、852.5 eV 和 855.3 eV 处，也可以观察到一些常见的与 La 3d 的振荡状态相对应的分裂峰，这可能是由 O 2p 与 La 4f 之间的电子转移引起的。与此类似，Fe 2p 的 XPS 谱图如图 4-5（d）所示，也可以找到 6 个主要的拟合峰。在结合能为 710.4 eV 和 724.1 eV 处的特征峰分别对应于 Fe $2p_{1/2}$ 和 Fe $2p_{3/2}$ 轨道，13.7 eV 的自旋轨道分裂能量差异与 Fe（Ⅲ）的特征相吻合，这与之前的相关报道[41]一致，充分证明了 Fe^{3+} 离子的存在。除了这对主峰外，还发现了结合能为 725.9 eV、712.1 eV 和 722.5 eV、709.5 eV 的两对分裂峰，分别证明了 Fe^{4+} 离子和 Fe^{2+} 离子的存在。具有不同氧化状态的铁离子共存是由 $LaFeO_3$ 晶格中 La 和 O 空位的共同作用导致的[42]。

　　$LaFeO_3$ 中氧原子的 O 1s 精细谱如图 4-6 所示。结合能为 528.9 eV 处的分裂峰与晶格氧（$O_{latt^{2-}}$）有关，这与 La—O 键和 Fe—O 键的结构具有重大关联[43]。另外，在 529.7 eV 处的 O 1s 峰与表面吸附氧（O_{ads}）和羟基（—OH）的存在有关[44]。$LaFeO_3$ 的氧空位（O_v）峰值范围为 530.5～530.8 eV，这与缺陷氧化物有关[40]。结合能为 531.0 eV 的分裂峰对应于初始原料中的硝酸盐基团以及吸附在表面的水分子（O_{-NO_3/H_2O}）[45]。作为 $LaFeO_3$ 材料中唯一的负价元素，O 元素表现出了复杂的化合价态，这从侧面证明了合成的钙钛矿材料中，La 和 Fe 金属原子是以多种复合的氧化态形式存在的。

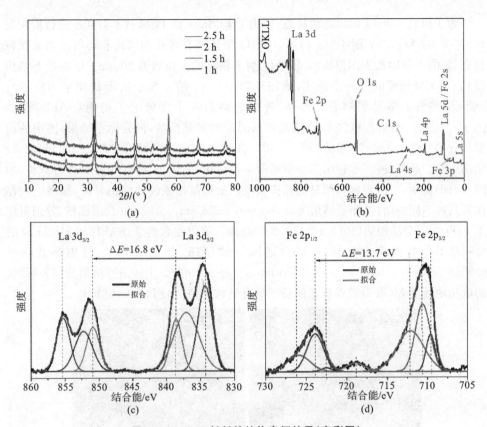

图 4-5　LaFeO₃ 材料的结构表征结果(有彩图)

(a)不同煅烧条件下产品的 X 射线衍射谱;(b)X 射线光电子能谱总谱;
(c)La 3d 的高分辨精细谱;(d)Fe 2p 的高分辨精细谱

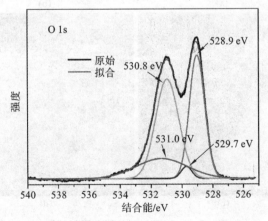

**图 4-6　LaFeO₃ 材料的 X 射线光电子能谱表征
结果(有彩图)**

为了研究 LaFeO₃的形态学特点,采用了 FESEM 和 TEM 技术对样品进行形貌表征,如图 4-7 所示。如图 4-7(a)所示,LaFeO₃主体具有多孔的结构和均匀的纳米颗粒分布,如图 4-7(b)放大图像所示,LaFeO₃纳米颗粒的直径约为 20 nm。这些形态结构得到了 TEM 图像的进一步证实,如图 4-7(c)所示,纳米粒子的形状和平均粒径与FESEM 的分析结果相吻合。另外,典型的纳米粒子区域电子衍射(SAED)谱如图 4-7(c)所示,衍射环包含 LaFeO₃晶体所对应的米勒指数,根据标定结果,图中的衍射环分别对应于 LaFeO₃相的(101)、(121)、(220)、(202)、(123)、(242)、(204)和(262)结晶平面。此外,进一步利用高分辨透射电镜(HRTEM)对 LaFeO₃材料进行分析,如图 4-7(d)所示,可以观察到明显的晶格条纹。根据晶格条纹的间距分析,晶格空间存在着几种不同的结构,测量结果为 0.393 nm、0.278 nm、0.197 nm 几组晶格,分别对应于 LaFeO₃正交晶相的(101)、(121)、(202)晶面。值得注意的是,SAED 和 HRTEM 的分析结果与数据库中的标准 XRD 谱图一致(PDF 卡号 88-0641,晶胞参数:$a=0.5565$ nm,$b=0.7855$ nm,$c=0.5556$ nm,$\alpha=\beta=\gamma=90°$)。上述研究结果共同表明,我们成功地通过 MOF 凝胶模板法制备了具有钙钛矿结构的 LaFeO₃材料。

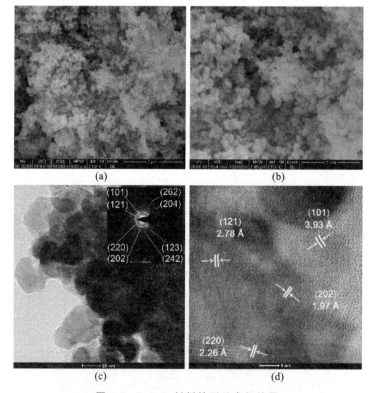

图 4-7 LaFeO₃材料的形貌表征结果

(a)放大 5 万倍的扫描电镜图;(b)放大 10 万倍的扫描电镜图;(c)透射电镜图,
右上角插图为选区电子衍射图样;(d)带有晶格条纹的高分辨透射图

为了研究 MOF 凝胶前驱体和 LaFeO₃ 纳米颗粒的多孔结构特征,我们测量了氮气吸附/脱附等温线。纯 MOF 凝胶的测试结果如图 4-8 所示,结果表明,MOF 凝胶前驱体的比表面积为 347 m² · g⁻¹,这个结果比已报道的纯 MIL-100-Fe 的比表面积更低[46]。我们猜测,这可能是凝胶形式的 MOF 结晶度低,有序性变差导致的;另外,含镧金属盐的颗粒会堵塞 MOF 材料的部分堆积孔隙,这也是其中一个可能因素。

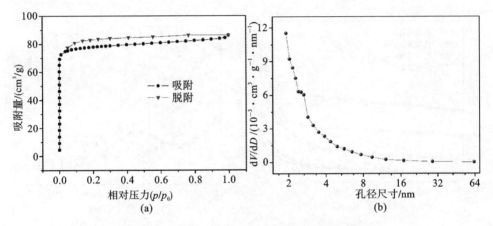

图 4-8　LaFeO₃ 材料的孔隙结构表征结果(有彩图)
(a)MOF 凝胶前驱体的 N₂ 吸附/脱附等温线;(b)相应的孔径分布图

此外,如图 4-9(a)所示,利用未经老化处理的新鲜凝胶作为前驱体,煅烧后可获得比表面积为 24 m² · g⁻¹ 的钙钛矿材料。当前驱体的老化时间达到 6 h 以后,衍生物的比表面积可增加到 41 m² · g⁻¹,这个最大比表面积优于大部分已报道的钙钛矿比表面积值[47]。因此,本项研究中提出的 MOF 凝胶模板法,在制备多孔钙钛矿材料方面极具优势。此外,在相对压力 p/p_0 为 0.5~1.0 的范围内,可以观察到明显的滞回线,这表明材料中含有大量的介孔结构。不同老化时间前驱体所得到的四种产物均具有介孔结构,如图 4-9(b)所示,所有样品的孔径集中于 2.0~50.0 nm 的范围。特别的是,当前驱体老化时间达到 6 h,孔径范围变得更加集中,为 2.0~5.0 nm。根据之前的研究结论,直径为 2.0 nm 左右的介孔能够为电解质离子的溶剂化提供合适的路径,并为电化学反应提供更多的法拉第反应位点,因此我们制备的这种介孔钙钛矿材料在超级电容器领域具备极大应用价值。综上分析,我们认为,由于 MOF 晶粒(MIL-100-Fe)会随着凝胶老化过程的延长而逐渐增大,但更加规则有序的 MOF 结晶体会比胶体具备更大的比表面积,因此 MOF 凝胶前驱体的老化过程有利于增加其衍生物的比表面积和孔容积。MOF 凝胶前驱体主要由无数纳米晶粒发生异质聚集而形成,这个过程可以通过两个步骤完成。第一,Fe³⁺ 与 BTC 有机配体发生配位反应,形成 MOF 的基本团簇;第二,这些团簇通过物理连接和弱的相互作用聚合成超分子的凝胶网络[33]。在这个过程中,老化操作有助于获得比表面积更大的前驱体,进而有利于实现衍生材料的介孔特质,值得注意的是,介孔结构被认为是超级电容器电极材料的最佳孔结构。综上所述,XRD、XPS、SEM、TEM 和 N_2 吸附/脱附测试的结果一致表明,我们成功地制备了具有介孔结构的 $LaFeO_3$ 钙钛矿纳米材料,这也证明了本研究中所提出的 MOF 凝胶模板法在制备介孔多金属氧化物方面具有一定的可行性。

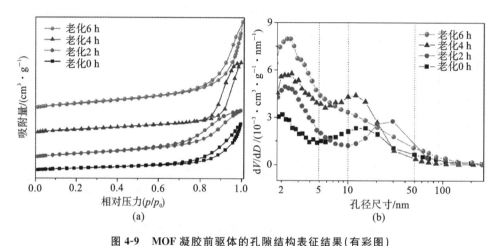

图 4-9　MOF 凝胶前驱体的孔隙结构表征结果(有彩图)

(a)具有不同老化时间的 MOF 凝胶前驱体衍生的 $LaFeO_3$ 材料的 N_2 吸附/脱附等温线;
(b)相应的孔径分布图

4.3.3　电极材料的电化学研究

我们利用 1 mol/L Na_2SO_4 作为电解液在三电极体系中研究了 $LaFeO_3$ 材料的电化学性能。如图 4-10(a)所示,CV 曲线的扫描速率范围为 5～100 mV · s^{-1},工作电压窗口范围为 -1～0 V(相对于 SCE 参比电极)。由于电压反转过程中电流响应近似镜像操作,因而各个样品的 CV 曲线均呈类矩形轮廓,这表明该过程是一个快速、可逆的电荷存储过程。此外,在 CV 曲线上没有观察到明显的氧化还原峰,这种现象类似于常见的赝电容电极材料,例如 MnO_2[48]、RuO_2[49]。事实上,钙钛矿型电极材料的电容机制已被证明是通过氧阴离子的插层来实现的。另外,考虑到电极材料的表面电化学吸附过程会触发基本的电化学双电层储能机制,并进一步强化电极材料的储能效果,基于此,$LaFeO_3$ 电极材料在 Na_2SO_4 电解液中的电荷转移机制可以描述为以下两个主要过程:

(1)通过 $LaFeO_3$ 电极表面上所发生的 H$^+$ 离子和 Na$^+$ 离子的电化学吸附与解离过程实现的电荷转移,即电化学双电层电容效应导致的电子转移,这是一种非法

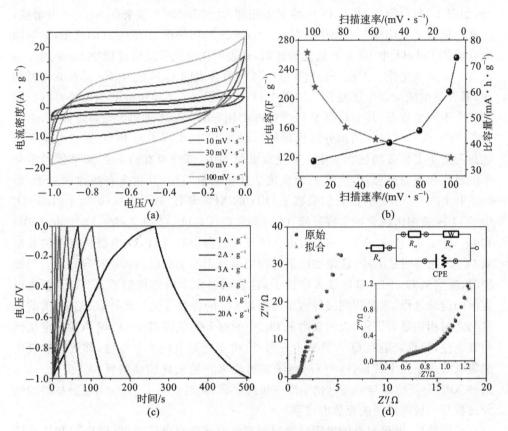

图 4-10　LaFeO₃材料在三电极体系中的电化学性能(有彩图)

(a)不同扫描速率下的循环伏安曲线;(b)比电容(红色曲线)和比容量(黑色曲线)随扫描速率的变化函数;
(c)不同电流密度下的恒电流充放电曲线;(d)Nyquist 电化学阻抗图及其相关拟合结果,
插图为高频部分的放大图及其相应的等效电路图,CPE 代表恒相位元件

拉第过程。外部吸附、相界面上的吸附和扩散导致的传质阻力是该传质过程的关键所在。这个过程可以用公式(4-1)和公式(4-2)描述[50]:

$$(\text{LaFeO}_3)_{\text{surface}} + \text{Na}^+ + e^- \longleftrightarrow [(\text{LaFeO}_3)^- \text{Na}^+]_{\text{surface}} \tag{4-1}$$

$$(\text{LaFeO}_3)_{\text{surface}} + \text{H}^+ + e^- \longleftrightarrow [(\text{LaFeO}_3)^- \text{H}^+]_{\text{surface}} \tag{4-2}$$

(2)LaFeO₃电极材料内部存在氧阴离子夹层,并伴有部分氧化还原反应。电化学反应通过法拉第反应实现电荷转移,在此过程中,氧嵌入钙钛矿晶格形成过氧化物型物种,Fe³⁺的正电荷中心略微向嵌入的氧离子靠近,从而使 Fe³⁺在不破坏分子结构的情况下转变为高价态的 Fe⁴⁺离子。具体反应过程可以用公式(4-3)描述[51]:

$$\text{LaFe}^{3+}\text{O}_3 + 2\delta\,\text{OH}^- \longleftrightarrow \text{La}[\text{Fe}_{2\delta}^{4+}, \text{Fe}_{1-2\delta}^{3+}]\text{O}_{3+\delta} + 2\delta\,e^- + \delta\,\text{H}_2\text{O} \tag{4-3}$$

为了验证电化学反应过程中的化合态变化,我们收集了电极材料经过 1000 次充放电循环后的 XPS 光谱,结果如图 4-11 所示。谱图中检测到了部分 Na KL2 的

峰,如图 4-11(a)所示,其与 O 1s 峰紧密相邻,这部分 Na 主要来自 Na_2SO_4 电解液,由此也说明了电化学吸附作用的存在。La 元素的精细谱如图 4-11(b)所示,它与原始合成的 $LaFeO_3$ 中 La 元素的光谱相似,这表明在电化学反应过程中 La 金属中心没有发生显著变化。然而,Fe 金属中心与原始合成的 $LaFeO_3$ 中 Fe 元素的光谱相比,其含量组成却发生了变化。如图 4-11(c)所示,Fe 金属中心的 6 个峰可以归属为三个不同的价态,其中对应于 Fe^{3+} 的峰的积分面积与之前相比显著降低了,而对应于 Fe^{2+} 和 Fe^{4+} 的峰的积分面积却相对增加了,这也标志着 Fe 元素在电化学储能过程发生了显著的化学变化。在充放电过程中,部分原有的 Fe^{3+} 离子经过电化学的氧化和还原过程,形成了一个亚化学计量的氧结构,其包含有两种铁离子,即 Fe^{2+} 和 $Fe^{4+[17,52]}$。另外,我们观察了 O 1s 的 XPS 光谱,如图 4-11(d)所示,$LaFeO_3$ 中的 O 1s 精细谱包含四个特征峰:O_{latt}^{2-}(529.2 eV)、O_{ads}(529.7 eV)、O_v(530.8 eV) 和 O_{-NO_3/H_2O}(531.1 eV)。在经过电化学反应过程以后,$LaFeO_3$ 电极材料中的晶格氧 O_{latt}^{2-} 的比例明显下降,这是法拉第过程中金属阳离子的脱出和损耗导致的。与此同时,吸附氧 O_{ads} 的含量却显著增加了,这表明电化学储能机制涉及—OH 在电极表面的运动过程,该过程间接导致了吸附氧 O_{ads} 的含量变化。此外,缺陷氧 O_v 的含量与之前相比显著下降,表明吸附氧 O_{ads} 中的部分类氧阴离子 O^- 填补了一定比例的氧空位,导致缺陷氧 O_v 含量减少。另外,由于吸附氧嵌入氧空位,邻近的被吸附的氢氧根离子发生转移,这些 O^- 离子很可能来自被氧化的晶格氧 O_{latt}^{2-} 离子[53,54]。这些 XPS 分析结果与前述电化学反应机理一致,同时证明了 $LaFeO_3$ 电极材料的储能过程是一种准可逆的充放电过程。

显而易见,电极材料的电容应该同时包含电化学双电层电容(EDLC)和法拉第赝电容两部分。因此,我们分别使用两种不同的方式对电极材料的电容进行了计算,分别是比电容(C_{sp},$F \cdot g^{-1}$)和比容量(Q_{sp},$mA \cdot h \cdot g^{-1}$),基于 CV 曲线可根据公式(4-4)和公式(4-5)计算[55]:

$$C_{sp} = \frac{\int I dV}{2 v m \Delta V} \tag{4-4}$$

$$Q_{sp} = \frac{\int I dV}{2 \times 3.6 \times v \times m} \tag{4-5}$$

式中,I 为响应电流,单位为 A;V 为电位,单位为 V;v 为电位扫描速率,单位为 $V \cdot s^{-1}$;m 为电极质量,单位为 g;ΔV 为电位差,单位为 V。

根据公式(4-4)和公式(4-5)的计算结果,C_{sp} 和 Q_{sp} 随扫描速率(从 5 $mV \cdot s^{-1}$ 到 100 $mV \cdot s^{-1}$)的变化情况如图 4-10(b)所示。$LaFeO_3$ 的比电容和比容量在不同的扫描速率下分别为 263.0 $F \cdot g^{-1}$、216.0 $F \cdot g^{-1}$、161.8 $F \cdot g^{-1}$、145.0 $F \cdot g^{-1}$、119.8 $F \cdot g^{-1}$ 和 73.1 $mA \cdot h \cdot g^{-1}$、60.0 $mA \cdot h \cdot g^{-1}$、45.0 $mA \cdot h \cdot g^{-1}$、40.3 $mA \cdot h \cdot g^{-1}$、

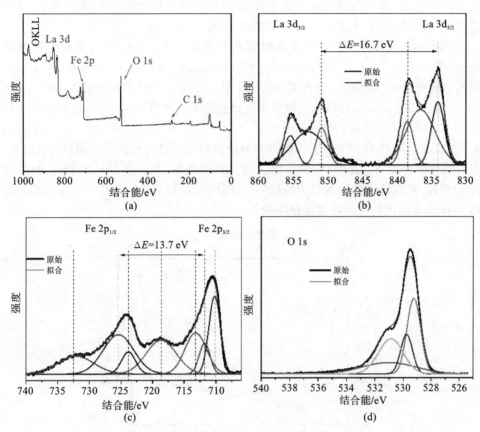

图 4-11　LaFeO₃ 材料充放电循环 1000 次以后的 X 射线光电子能谱表征结果(有彩图)
(a)X 射线光电子能谱总谱;(b)La 3d 的高分辨精细谱图;
(c)Fe 2p 的高分辨精细谱图;(d)O 1s 的高分辨精细谱图

$33.3\ \mathrm{mA \cdot h \cdot g^{-1}}$。由于在低扫描速率下,电解质离子在孔隙中的扩散效果更好,因此随着扫描速率的降低,电极材料的 C_{sp} 和 Q_{sp} 值都呈现增加趋势。此外,当扫描速率增加至 $10\ \mathrm{mV \cdot s^{-1}}$、$20\ \mathrm{mV \cdot s^{-1}}$、$50\ \mathrm{mV \cdot s^{-1}}$ 和 $100\ \mathrm{mV \cdot s^{-1}}$ 时,C_{sp} 仍能保持最大比电容($5\ \mathrm{mV \cdot s^{-1}}$ 条件下测得)的 82%、62%、55% 和 46%,这表明该电极材料具有良好的倍率性能。此外,我们还测量了不同电流密度下 LaFeO₃ 的 GCD 曲线,结果如图 4-10(c)所示。毫无疑问,所有曲线都近似线性而且呈现出优异的对称性,这表明 LaFeO₃ 电极材料具有良好的电化学可逆性。基于 GCD 曲线,可根据公式(4-6)和公式(4-7)计算 C_{sp} 和 Q_{sp}[55]:

$$C_{sp} = \frac{I \cdot \Delta t}{m \cdot \Delta V} \tag{4-6}$$

$$Q_{sp} = \frac{I \cdot \Delta t}{3.6m} \tag{4-7}$$

式中,I、Δt、ΔV 和 m 分别表示外加电流强度(单位为 A)、放电时间(单位为 s)、工作电压窗口(单位为 V)和活性电极材料的质量(单位为 g)。

C_{sp} 和电流密度之间的对应关系如图 4-12 所示。在 1 A·g^{-1} 电流密度下,电极的比电容为 241.3 F·g^{-1}(对应的比容量为 67.1 mA·h·g^{-1})。即使在 20 A·g^{-1} 的大电流密度下,电极的比电容也能保持在 164 F·g^{-1}(对应的比容量为 45.6 mA·h·g^{-1})。如图 4-10(d)所示,电化学阻抗谱包含等效串联电阻(R_s)、电荷转移电阻(R_{ct})和 Warburg 阻抗(R_w)的相关信息。拟合结果显示,R_s、R_{ct} 和 R_w 分别为 0.515 Ω、0.571 Ω 和 247 mΩ。这表明,电极材料在充放电过程中的能量损耗较低,电荷转移能力较强。此外,在交流阻抗谱的低频区域,直线部分比典型直线(斜率为 1)更陡,这验证了赝电容行为特征的存在,同时表明了特定介孔结构中离子扩散的 Warburg 阻抗和电荷转移电阻均较低。

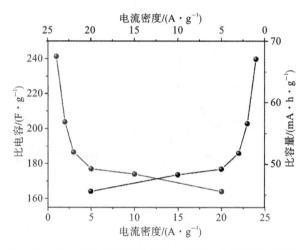

图 4-12　比电容和比容量随扫描速率的变化函数(有彩图)

为了进一步探讨构效关系,我们研究了各种条件下获得的电极材料的电化学性能,如图 4-13 所示。除了 MOF 凝胶前驱体的 M/BTC 值不一样,所有电极材料的制备过程都相似。如图 4-13(a)所示,三条 CV 曲线的形状相似,但它们的面积不同。当前驱体 M/BTC 值为 3∶2 时,衍生电极材料的 CV 曲线面积较小,而由其他两种比值的前驱体所衍生的电极材料,具有几乎相同的 CV 曲线面积。这种现象在 GCD 曲线中也有反映,如图 4-13(b)所示,随着前驱体 Fe/H_3BTC 值的增加,对应的衍生电极材料的比电容逐渐减小。根据公式(4-6)和公式(4-7)计算得到,几种电极材料在 1 A·g^{-1} 条件下的比电容(比容量)分别为 255.6 F·g^{-1}(71.0 mA·h·g^{-1})、241.3 F·g^{-1}(67.1 mA·h·g^{-1})和 170.9 F·g^{-1}(47.5 mA·h·g^{-1})。

此外,为了评估三种复合材料的相结构,使用 XRD 谱图对材料结构进行了验证,如图 4-14 所示。实验结果表明,与 Fe/H_3BTC 摩尔比为 1∶1 和 1∶2 的前驱体

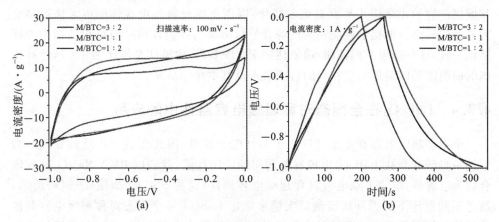

图 4-13 由不同 M/BTC 比值的前驱体制备的 $LaFeO_3$ 材料的电化学性能(有彩图)

(a)100 mV・s⁻¹ 扫描速率下的 CV 曲线;(b)1 A・g⁻¹ 电流密度下的 GCD 曲线

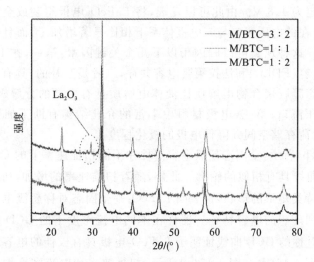

图 4-14 由不同 M/BTC 比值的前驱体制备的 $LaFeO_3$ 材料的 X 射线衍射谱(有彩图)

相比,Fe/H_3BTC 摩尔比为 3:2 的前驱体会衍生出含有 La_2O_3 相和 FeO_x 相的杂质。经过分析我们认为,在前驱体 Fe/H_3BTC 摩尔比为 3:2 时,MOF 凝胶的固化时间过短,导致 La^{3+} 离子在前驱体中的分散性较差,因此前驱体的不均匀性是杂质相出现的主要原因。而且,由于 La_2O_3 杂质对电容的贡献度极低,几乎可以忽略不计,因此 $LaFeO_3$ 电极材料的电化学性能受到杂质的影响后,电容值显著降低。与此相反,当前驱体中 Fe/H_3BTC 摩尔比为 1:2 时,前驱体凝胶的固化时间较长,化学均匀性较好,其煅烧衍生物 $LaFeO_3$ 材料的纯度也相应较高。值得注意的是,固化时间并不是越长越好。研究发现,前驱体凝胶的固化时间延长至一定程度以后,其煅烧产物的相结构几乎没有更多变化,因而衍生材料的电容性能也无法得到更为显著的提高。电化学性能相关的综合分析结果与我们在前一节讨论的结构表征结论一致,这些结果共同证明,前驱体中 Fe/H$_3$BTC 的最佳摩尔比为 1:1,这种比例的前驱体足以确保衍生材料的合成效率及其电化学品质。

4.3.4 LaFeO$_3$在全固态对称超级电容器件中的应用

全固态超级电容器由于可以用于柔性电子器件,因此受到了广泛的关注。为了进一步研究介孔 LaFeO$_3$ 电极材料的实际应用性能,我们以 PVA-NaNO$_3$ 凝胶聚合物为电解质,组装了双电极对称超级电容器件(简称 SSC)。如图 4-15(a)所示,通过不同电压下的循环伏安测试实验来确定 LaFeO$_3$ 基全固态对称超级电容器件的最佳工作电压窗口。通过对比分析发现,如果最大电势超过 1.8 V,电极材料会发生不可逆的电化学反应,从而导致电极上的电流迅速增加[56],因此优化后的器件电压窗口被确定为 1.8 V。由此可以发现,将 LaFeO$_3$ 电极组装成全固态对称超级电容器件后,潜在的电压窗口与三电极体系下相比显著增加了,而且能量密度也得到了显著提高。这种现象可以归因于以下几个关键因素:第一,在 LaFeO$_3$ 电极材料中,双电层电容(EDLC)和法拉第赝电容共存,二者是互补的,具有各自的作用范围;第二,全固态凝胶聚合物电解质比液体电解质具有更高的分解极限,因此能够承受更高的电压窗口;第三,电极材料中丰富的介孔结构有助于加快电荷转移速率,从而增加电荷存储空间并降低电极的极化程度。

如图 4-15(b)所示,全固态超级电容器件在不同扫描速率下的 CV 曲线与三电极系统的 CV 曲线具有相似的轮廓。此外,随着扫描速率的增加,所有 CV 曲线的轮廓仍然能保持类矩形的形状,这表明 LaFeO$_3$ 基全固态对称超级电容器件具有良好的倍率性能和理想的电容特征。器件在不同电流密度下的 GCD 曲线如图 4-15(c)所示,高度对称的 GCD 曲线证明了 LaFeO$_3$ 电极具有极佳的电容特性和较高的库仑效率。如图 4-15(d)和图 4-15(e)所示,扫描速率和电流密度均与器件的比电容(或者比容量)呈现一定的函数关系。所有的物理量都是依据式(4-4)、式(4-5)、式(4-6)和式(4-7)计算得到的,计算时对公式中的电极质量进行了修正,修正后的 m_{total} 代表了正、负极活性物质的总质量。在 5 mV·s^{-1} 扫描速率下和 1 A·g^{-1} 的电流密度下,全固态对称超级电容器件的最大比电容分别为 91.2 F·g^{-1}(比容量为 45.6 mA·h·g^{-1})和 75.6 F·g^{-1}(比容量为 37.8 mA·h·g^{-1})。LaFeO$_3$ 基全固态对称超级电容器件的比电容在 10 mV·s^{-1}、20 mV·s^{-1}、50 mV·s^{-1} 和 100 mV·s^{-1} 的扫描速率下分别达到 75.8 F·g^{-1}、68.5 F·g^{-1}、62.9 F·g^{-1} 和 59.7 F·g^{-1},比容量分别达到 37.9 mA·h·g^{-1}、34.3 mA·h·g^{-1}、31.5 mA·h·g^{-1} 和 29.8 mA·h·g^{-1}。当电流密度为 2 A·g^{-1}、4 A·g^{-1}、6 A·g^{-1}、8 A·g^{-1}

和 10 A・g^{-1} 时,比电容分别为 69.4 F・g^{-1}、66.8 F・g^{-1}、62.5 F・g^{-1}、58.1 F・g^{-1}
和 55.7 F・g^{-1},比容量分别为 34.7 mA・h・g^{-1}、33.4 mA・h・g^{-1}、31.3 mA・h・
g^{-1}、29.1 mA・h・g^{-1} 和 27.8 mA・h・g^{-1}。由于 LaFeO$_3$ 电极材料具有丰富的
孔结构和较低的电化学电阻,即使在 20 A・g^{-1} 电流密度的条件下,全固态对称超
级电容器件仍然能实现 73.7% 的电容保持率,这充分说明该器件具有出色的倍率
性能。此外,循环稳定能力对于超级电容器件的实际应用至关重要。如图 4-15(f)
所示,我们在 10 A・g^{-1} 电流密度下,通过恒电流测试的方法对全固态对称超级电
容器件进行了循环寿命测试。经过 5000 次循环充放电以后,全固态对称超级电容
器件的比电容仍能保持其初始比电容的 92.2%。此外,图 4-15(f) 的插图展示了整
个循环测试的初始 5 次和最后 5 次充放电曲线的对比情况,从外观上来看,所有
GCD 曲线的形状基本保持不变。综上,该全固态对称超级电容器件的循环稳定性
优于其他常见的钙钛矿基超级电容器件,例如已报道的 La$_{0.7}$Sr$_{0.3}$NiO$_{3-\delta}$//La$_{0.7}$Sr$_{0.3}$
NiO$_{3-\delta}$ 对称超级电容器件(在 5 A・g^{-1} 电流密度下循环 2000 次以后电容保持率为
90%)[57],以及 Ag/La$_{0.7}$Sr$_{0.3}$CoO$_{3-\delta}$//carbon cloth 非对称超级电容器件(在 50 mA・
cm^{-2} 电流密度下循环 3000 次以后电容保持率为 85.6%)[58]。

此外,根据公式 $E = 1/2・C_{sp}・V^2$ 和 $P = E/\Delta t$ 可以计算 LaFeO$_3$ 基全固态对称
超级电容器件的能量密度和功率密度,如图 4-16(a)所示。由图可以明显地观察
到,器件的功率密度会随着能量密度的增加而减小。全固态对称超级电容器件在
功率密度为 900 W・kg^{-1} 时可以提供 34 W・h・kg^{-1} 的能量密度,即使在功率密
度高达 18046 W・kg^{-1} 时,其能量密度仍能保持在 25 W・h・kg^{-1}。目前,单纯的
基于 LaFeO$_3$ 电极的对称超级电容器件尚未被公开。因此,我们搜索了其他基于钙
钛矿氧化物的对称和非对称超级电容器件的报道。本项研究中基于 LaFeO$_3$ 电极
的全固态对称超级电容器件的综合性能优于大部分已报道的电容器件,例如
BiFeO$_3$-rGO 对称超级电容器件(18.62 W・h・kg^{-1},950 W・kg^{-1})[59],
La$_{0.85}$Sr$_{0.15}$MnO$_{2.25}$ 对称超级电容器件(3.6 W・h・kg^{-1},120 W・kg^{-1})[60],
CaTiO$_3$/active carbon 对称超级电容器件(26.3 W・h・kg^{-1},375 W・kg^{-1})[61],
Sr$_{0.8}$Ba$_{0.2}$MnO$_3$//active carbon 非对称超级电容器件(37.3 W・h・kg^{-1},400 W・
kg^{-1})[62],SrCo$_{0.9}$Nb$_{0.1}$O$_{3-\delta}$//active carbon 非对称超级电容器件(37.6 W・h・
kg^{-1},433.9 W・kg^{-1})[63] 以及 carbon//CeO$_2$/LaMnO$_3$ 非对称超级电容器件
(17.2 W・h・kg^{-1},1015 W・kg^{-1})[64] 等。此外,本研究中的固态器件的性能甚至
能与由其他 MOF 模板衍生高效材料所制备的非对称超级电容器件媲美,例如
Fe$_3$O$_4$/Fe/C//NPC(17.5 W・h・kg^{-1},388.8 W・kg^{-1})[65],Fe$_3$O$_4$/graphene//
Fe$_3$O$_4$/graphene(9 W・h・kg^{-1},3000 W・kg^{-1})[66],Cr$_2$O$_3$/C//Fe$_x$O$_y$/C(9.6 W・h・
kg^{-1},8000 W・kg^{-1})[67] 以及 Co$_3$O$_4$/Fe$_2$O$_3$//Co$_3$O$_4$/Fe$_2$O$_3$(35.15 W・h・kg^{-1},

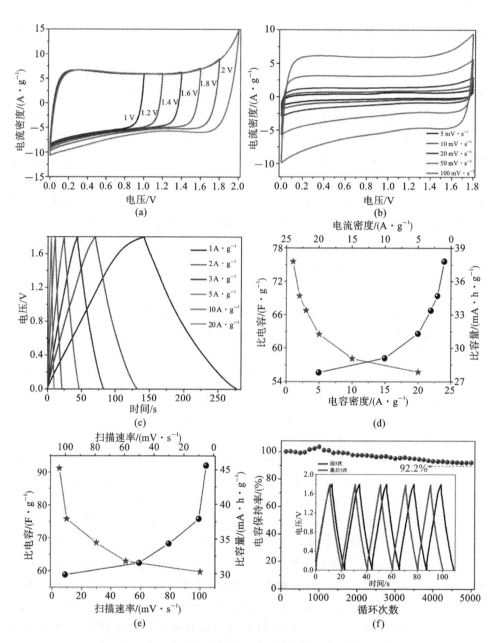

图 4-15　全固态对称超级电容器件的电化学性能(有彩图)

(a)100 mV·s⁻¹扫描速率下容器件在不同工作电压窗口区间的 CV 曲线;(b)不同扫描速率下电容
器件在 0~1.8 V 工作电压窗口范围内的 CV 曲线;(c)电容器件在不同电流密度下的 GCD 曲线;(d)比
电容和比容量随电流密度变化的曲线;(e)比电容和比容量随扫描速率变化的曲线;(f)循环稳定性随循
环次数变化的曲线,插图为循环测试前 5 次和循环测试最后 5 次 GCD 曲线

1125 W·kg⁻¹)[68]等。最后,为了展示本文的介孔 LaFeO₃ 电极材料的实际应用特

征,在使用微型太阳能电池板将全固态对称超级电容器件充电到 1.8 V 后,红色发光二极管指示灯(LED)被点亮,如图 4-16(b)所示。钙钛矿材料在太阳能电池和超级电容器领域中都表现出了优异性能,因此我们也期待在能量存储和转换器件的集成化趋势中,钙钛矿材料有更广泛的应用。总而言之,本项研究开发了一种简单快速的基于 MOF 凝胶前驱体的材料制备方法,并以此方法合成了一种电容性能极佳的介孔型钙钛矿电极材料。实验结果表明,利用这种新颖方法制备的电极材料,在构筑高能量密度和高功率密度全固态对称超级电容器件方面具有极大的潜力。

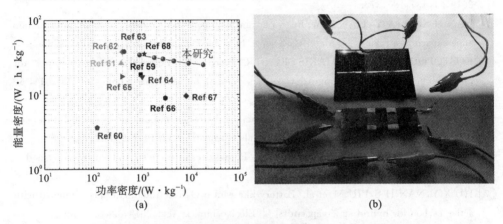

图 4-16　全固态对称超级电容器件的实际应用性能(有彩图)
(a)不同器件的能量密度与功率密度对比;(b)太阳能电池板与超级电容器件的组合装置

4.4　本章小结

综上所述,我们报道了一种通过煅烧 MIL-100-Fe 凝胶模板合成介孔 LaFeO₃ 的新方法,并成功制备了钙钛矿型多金属氧化物。由于制备的材料能够充分保留凝胶体和 MOF 多孔结构的双重优点,因而 LaFeO₃电极材料的比电容在 $1 A \cdot g^{-1}$ 条件下可高达 $241.3 F \cdot g^{-1}$,比容量可达 $67.1 mA \cdot h \cdot g^{-1}$。此外,我们组装了一种新型的 LaFeO₃基全固态对称超级电容器件,其工作电压窗口可高达 1.8 V,当功率密度为 $900 W \cdot kg^{-1}$ 时,其能量密度可高达 $34 W \cdot h \cdot kg^{-1}$,而且器件在 $10 A \cdot g^{-1}$ 电流密度下经过 5000 次循环充放电以后,其电容保持率为 92.2%。鉴于电极材料的优异电化学性能,我们认为本项研究所提出的 MOF 凝胶模板法在制备钙钛矿型多金属氧化物方面,优于传统的溶胶-凝胶法。我们希望本研究所提出的 MOF 凝胶模板法,可以用于开发其他类型的具有良好化学均匀性和多孔结构的钙钛矿材料,以及其他类型的多金属氧化物材料,进而有效推动钙钛矿材料在超级电容器领域的广泛应用。

本章参考文献

[1] YUN S N,VLACHOPOULOS N,QURASHI A,et al. Dye sensitized photoelectrolysis cells [J]. Chemical Society Reviews,2019,48(14):3705-3722.

[2] PANDEY R, VATS G, YUN J, et al. Mutual insight on ferroelectrics and hybrid halide perovskites:a platform for future multifunctional energy conversion[J]. Advanced Materials, 2019,31(43):1807376.

[3] NAN H S,HU X Y,TIAN H W. Recent advances in perovskite oxides for anion-intercalation supercapacitor:a review[J]. Materials Science In Semiconductor Processing,2019,94:35-50.

[4] KOSTOPOULOU A, KYMAKIS E, STRATAKIS E. Perovskite nanostructures for photovoltaic and energy storage devices[J]. Journal of Materials Chemistry A, 2018, 6: 9765-9798.

[5] KIM T,SONG W,SON D Y,et al. Lithium-ion batteries:outlook on present,future,and hybridized technologies[J]. Journal of Materials Chemistry A,2019,7:2942-2964.

[6] HWANG J,RAO R R,GIORDANO L,et al. Perovskites in catalysis and electrocatalysis[J]. Science,2017,358:751-756.

[7] HU X Y,NAN H S,LIU M,et al. Battery-like $MnCo_2O_4$ electrode materials combined with active carbon for hybrid supercapacitors[J]. Electrochimica Acta,2019,306:599-609.

[8] HUANG X B,ZHAO G X, WANG G, et al. Synthesis and applications of nanoporous perovskite metal oxides[J]. Chemical Science,2018,9(15):3623-3637.

[9] RUBEL M H K, MIURA A, TAKEI T, et al. Superconducting double perovskite bismuth oxide prepared by a low-temperature hydrothermal reaction[J]. Angewandte Chemie, 2014, 53:3599-3603.

[10] LANG X Q,SUN X C,LIU Z T,et al. Ag nanoparticles decorated perovskite $La_{0.85}Sr_{0.15}MnO_3$ as electrode materials for supercapacitors[J]. Materials Letters,2019,243:34-37.

[11] PINKAS J, REICHLOVA V, SERAFIMIDISOVA A, et al. Sonochemical synthesis of amorphous yttrium iron oxides embedded in acetate matrix and their controlled thermal crystallization toward garnet($Y_3Fe_5O_{12}$) and perovskite($YFeO_3$) nanostructures[J]. Journal of Physical Chemistry C,2010,114:13557-13564.

[12] NURAJE N, SU K. Perovskite ferroelectric nanomaterials [J]. Nanoscale, 2013, 5: 8752-8780.

[13] TIAN H W, LANG X Q, NAN H S, et al. Nanosheet-assembled $LaMnO_3$ @ $NiCo_2O_4$ nanoarchitecture growth on Ni foam for high power density supercapacitors [J]. Electrochimica Acta,2019,318:651-659.

[14] LOMBARDI J, YANG L, PEARSALL F A, et al. Stoichiometric control over ferroic behavior in $Ba(Ti_{1-x}Fe_x)O_3$ nanocrystals [J]. Chemistry of Materials, 2019, 31 (4): 1318-1335.

［15］TOMAR A K，SINGH G，SHARMA R K. Fabrication of a Mo-doped strontium cobaltite perovskite hybrid supercapacitor cell with high energy density and excellent cycling life［J］. ChemSusChem，2018，11：4123-4130.

［16］DING H R，XU Y Q，LUO C，et al. Oxygen desorption behavior of sol-gel derived perovskite-type oxides in a pressurized fixed bed reactor［J］. Chemical Engineering Journal，2017，323：340-346.

［17］LANG X Q，ZHANG H F，XUE X，et al. Rational design of La$_{0.85}$ Sr$_{0.15}$ MnO$_3$ @ NiCo$_2$ O$_4$ core-shell architecture supported on Ni foam for high performance supercapacitors［J］. Journal of Power Sources，2018，402：213-220.

［18］LI Z J，ZHANG W Y，WANG H Y，et al. Two-dimensional perovskite LaNiO$_3$ nanosheets with hierarchical porous structure for high-rate capacitive energy storage［J］. Electrochimica Acta，2017，258：561-570.

［19］LIU Y，DINH J，TADE M O，et al. Design of perovskite oxides as anion-intercalation-type electrodes for supercapacitors：cation leaching effect［J］. ACS Applied Materials & Interfaces，2016，8：23774-23783.

［20］MO H Y，NAN H S，LANG X Q，et al. Influence of calcium doping on performance of LaMnO$_3$ supercapacitors［J］. Ceramics International，2018，44(8)：9733-9741.

［21］LIU Y，WANG Z B，VEDER J P M，et al. Highly defective layered double perovskite oxide for efficient energy storage via reversible pseudocapacitive oxygen-anion intercalation［J］. Advanced Energy Materials，2018，8(11)：1702604.

［22］LI Y，XU Y X，YANG W P，et al. MOF-derived metal oxide composites for advanced electrochemical energy storage［J］. Small，2018，14(25)：1704435.

［23］LIU J L，ZHU D D，GUO C X，et al. Design strategies toward advanced MOF-derived electrocatalysts for energy-conversion reactions［J］. Advanced Energy Materials，2017，7(23)：1700518.

［24］BANERJEE A，SINGH U，ARAVINDAN V，et al. Synthesis of CuO nanostructures from Cu-based metal organic framework (MOF-199) for application as anode for Li-ion batteries［J］. Nano Energy，2013，2(6)：1158-1163.

［25］SHAO J，WAN Z M，LIU H M，et al. Metal organic frameworks-derived Co$_3$ O$_4$ hollow dodecahedrons with controllable interiors as outstanding anodes for Li storage［J］. Journal of Materials Chemistry A，2014，2(31)：12194-12200.

［26］PARK S K，KIM J K，KANG Y C. Electrochemical properties of uniquely structured Fe$_2$ O$_3$ and FeSe$_2$/graphitic-carbon microrods synthesized by applying a metal-organic framework［J］. Chemical Engineering Journal，2018，334：2440-2449.

［27］YANG S J，NAM S，KIM T，et al. Preparation and exceptional lithium anodic performance of porous carbon-coated ZnO quantum dots derived from a metal-organic framework［J］. Journal of the American Chemical Society，2013，135(20)：7394-7397.

［28］ZAMARO J M，PÉREZ N C，MIRÓ E E，et al. HKUST-1 MOF：a matrix to synthesize CuO and CuO-CeO₂ nanoparticle catalysts for CO oxidation[J]. Chemical Engineering Journal, 2012,195:180-187.

[29] YANG P,SONG X L,JIA C C,et al. Metal-organic framework-derived hierarchical ZnO/NiO composites:morphology,microstructure and electrochemical performance[J]. Journal of Industrial and Engineering Chemistry,2018,62:250-257.

[30] WANG Y,SANG S Y,ZHU W,et al. CuNi@C catalysts with high activity derived from metal-organic frameworks precursor for conversion of furfural to cyclopentanone[J]. Chemical Engineering Journal,2016,299:104-111.

[31] XIE Q S, ZHAO Y, GUO H Z, et al. Facile preparation of well-dispersed CeO₂-ZnO composite hollow microspheres with enhanced catalytic activity for CO oxidation[J]. ACS Applied Materials & Interfaces,2014,6(1):421-428.

[32] SUMIDA K,LIANG K,REBOUL J,et al. Sol-gel processing of metal-organic frameworks [J]. Chemistry of Materials,2017,29:2626-2645.

[33] XIANG S L,LI L,ZHANG J P,et al. Porous organic-inorganic hybrid aerogels based on Cr^{3+}/Fe^{3+} and rigid bridging carboxylates[J]. Journal of Materials Chemistry,2012,22(5): 1862-1867.

[34] LOHE M R,ROSE M,KASKEL S. Metal-organic framework (MOF) aerogels with high micro-and macroporosity[J]. Chemical Communications,2009,40:6056-6058.

[35] LI L,XIANG S L,CAO S Q,et al. A synthetic route to ultralight hierarchically micro/mesoporous Al(Ⅲ)-carboxylate metal-organic aerogels[J]. Nature Communication,2013, 4:1774.

[36] WEI Q,JAMES S L. A metal-organic gel used as a template for a porous organic polymer [J]. Chemical Communications,2005,12:1555-1556.

[37] ZHANG Y D,LIN B P,WANG J C,et al. All-solid-state asymmetric supercapacitors based on ZnO quantum dots/carbon/CNT and porous N-doped carbon/CNT electrodes derived from a single ZIF-8/CNT template[J]. Journal of Materials Chemistry A,2016,4(26): 10282-10293.

[38] HORCAJADA P,SURBLÉ S,SERRE C,et al. Synthesis and catalytic properties of MIL-100(Fe),an iron(ⅲ)carboxylate with large pores[J]. Chemical Communications,2007,27: 2820-2822.

[39] LI Z S,LV L,WANG J S,et al. Engineering phosphorus-doped $LaFeO_{3-\delta}$ perovskite oxide as robust bifunctional oxygen electrocatalysts in alkaline solutions[J]. Nano Energy,2018,47: 199-209.

[40] XIAO P,ZHONG L Y,ZHU J J,et al. CO and soot oxidation over macroporous perovskite $LaFeO_3$[J]. Catalysis Today,2015,258:660-667.

[41] MACCATO C,CARRARO G,PEDDIS D,et al. Magnetic properties of ε iron(Ⅲ)oxide nanorod arrays functionalized with gold and copper(Ⅱ)oxide[J]. Applied Surface Science, 2017,427:890-896.

［42］XIAO P,ZHU J J,ZHAO D,et al. Porous LaFeO$_3$ prepared by an in situ carbon templating method for catalytic transfer hydrogenation reactions［J］. ACS Applied Materials & Interfaces,2019,11:15517-15527.

［43］RAO Y F,ZHANG Y F,HAN F M,et al. Heterogeneous activation of peroxymonosulfate by LaFeO$_3$ for diclofenac degradation:DFT-assisted mechanistic study and degradation pathways[J]. Chemical Engineering Journal,2018,352:601-611.

［44］ZHU Y L,ZHOU W,YU J,et al. Enhancing electrocatalytic activity of perovskite oxides by tuning cation deficiency for oxygen reduction and evolution reactions［J］. Chemistry of Materials,2016,28(6):1691-1697.

［45］ZHANG X Y,QIN J Q,XUE Y N,et al. Effect of aspect ratio and surface defects on the photocatalytic activity of ZnO nanorods[J]. Scientific Reports,2014,4:4596.

［46］KÜSGENS P,ROSE M,SENKOVSKA I,et al. Characterization of metal-organic frameworks by water adsorption[J]. Microporous and Mesoporous Materials,2009,120:325-330.

［47］JIANG H, MA J, LI C. Mesoporous carbon incorporated metal oxide nanomaterials as dupercapacitor electrodes[J]. Advanced Materials,2012,24:4197-4202.

［48］HUANG Y,LI Y Y,HU Z Q,et al. A carbon modified MnO$_2$ nanosheet array as a stable high-capacitance supercapacitor electrode[J]. Journal of Materials Chemistry A,2013,1(34): 9809-9813.

［49］KRAUSE P P T,CAMUKA H,LEICHTWEISS T,et al. Temperature-induced transformation of electrochemically formed hydrous RuO$_2$ layers over Ru（0001）model electrodes［J］. Nanoscale,2016,8:13944-13953.

［50］WANG Y G,SONG Y F,XIA Y Y. Electrochemical capacitors:mechanism, materials, systems,characterization and applications［J］. Chemical Society Reviews, 2016, 45 (21): 5925-5950.

［51］MEFFORD J T, HARDIN W G, DAI S, et al. Anion charge storage through oxygen intercalation in LaMnO$_3$ perovskite pseudocapacitor electrodes[J]. Nature Materials,2014,13 (7):726-732.

［52］LIN Z Y,YAN X B,LANG J W,et al. Adjusting electrode initial potential to obtain high-performance asymmetric supercapacitor based on porous vanadium pentoxide nanotubes and activated carbon nanorods[J]. Journal of Power Sources,2015,279:358-364.

［53］YAN D,WANG W,LUO X,et al. NiCo$_2$O$_4$ with oxygen vacancies as better performance electrode material for supercapacitor[J]. Chemical Engineering Journal,2018,334:864-872.

［54］ELSIDDIG Z A, XU H, WANG D, et al. Modulating Mn^{4+} ions and oxygen vacancies in nonstoichiometric LaMnO$_3$ perovskite by a facile sol-gel method as high-performance supercapacitor electrodes[J]. Electrochimica Acta,2017,253:422-429.

［55］DAI S,ZHAO B,QU C,et al. Controlled synthesis of three-phase Ni$_x$S$_y$/rGO nanoflake electrodes for hybrid supercapacitors with high energy and power density[J]. Nano Energy, 2017,33:522-531.

［56］LOKHANDE V，LEE S J，LOKHANDE A，et al. 1. 5 V symmetric supercapacitor device based on hydrothermally synthesized carbon nanotubes and cobalt tungstate nanocomposite electrodes［J］. Materials Chemistry and Physics，2018，211：214-224.

［57］CAO Y，LIN B P，SUN Y，et al. Sr-doped lanthanum nickelate nanofibers for high energy density supercapacitors［J］. Electrochimica Acta，2015，174：41-50.

［58］LIU P P，LIU J，CHENG S，et al. A high-performance electrode for supercapacitors：silver nanoparticles grown on a porous perovskite-type material $La_{0.7}Sr_{0.3}CoO_{3-\delta}$ substrate［J］. Chemical Engineering Journal，2017，328：1-10.

［59］MOITRA D，ANAND C，GHOSH B K，et al. One-dimensional $BiFeO_3$ nanowire-reduced graphene oxide nanocomposite as excellent supercapacitor electrode material［J］. ACS Applied Energy Materials，2018，1：464-474.

［60］LANG X Q，MO H Y，HU X Y，et al. Supercapacitor performance of perovskite $La_{1-x}Sr_xMnO_3$ ［J］. Dalton Transactions，2017，46(40)：13720-13730.

［61］CAO X L，REN T Z，YUAN Z Y，et al. $CaTiO_3$ perovskite in the framework of activated carbon and its effect on enhanced electrochemical capacitance［J］. Electrochimica Acta，2018，268：73-81.

［62］GEORGE G，JACKSON S L，LUO C Q，et al. Effect of doping on the performance of high-crystalline $SrMnO_3$ perovskite nanofibers as a supercapacitor electrode［J］. Ceramics International，2018，44：21982-21992.

［63］ZHU L，LIU Y，SU C，et al. Perovskite $SrCo_{0.9}Nb_{0.1}O_{3-\delta}$ as an anion-intercalated electrode material for supercapacitors with ultrahigh volumetric energy density［J］. Angewandte Chemie，2016，55(33)：9576-9579.

［64］NAGAMUTHU S，VIJAYAKUMAR S，RYU K S. Cerium oxide mixed $LaMnO_3$ nanoparticles as the negative electrode for aqueous asymmetric supercapacitor devices［J］. Materials Chemistry and Physics，2017，199：543-551.

［65］MAHMOOD A，ZOU R Q，WANG Q F，et al. Nanostructured electrode materials derived from metal-organic framework xerogels for high-energy-density asymmetric supercapacitor ［J］. ACS Applied Materials & Interfaces，2016，8(3)：2148-2157.

［66］KARTHIKEYAN K，KALPANA D，AMARESH S，et al. Microwave synthesis of graphene/magnetite composite electrode material for symmetric supercapacitor with superior rate performance［J］. RSC Advances，2012，2：12322-12328.

［67］FARISABADI A，MORADI M，HAJATI S，et al. Controlled thermolysis of MIL-101(Fe，Cr)for synthesis of Fe_xO_y/porous carbon as negative electrode and Cr_2O_3/porous carbon as positive electrode of supercapacitor［J］. Applied Surface Science，2019，469：192-203.

［68］WEI X J，LI Y H，PENG H R，et al. A novel functional material of Co_3O_4/Fe_2O_3 nanocubes derived from a MOF precursor for high-performance electrochemical energy storage and conversion application［J］. Chemical Engineering Journal，2019，355：336-340.

第5章 金属有机框架材料衍生两相金属氧化物应用于超级电容器

5.1 引　言

　　超级电容器分为双电层电容器和赝电容器,其中,赝电容器因为具有较大的放电容量和较好的电化学稳定性,而受到了广泛关注[1]。赝电容常用的电极材料是过渡金属氧化物,如 RuO_2、NiO、Co_3O_4、MnO_2 和 CuO 等[2,3],其中 CuO 因为成本较低、来源丰富、电化学稳定性较好、易于控制合成不同形貌纳米粒子等优点,适合用作超级电容器电极材料。大量的文献报道了 CuO 在超级电容器方面的应用研究,但是其性能普遍较差,这主要是因为 CuO 的导电性差,致使其窗口电压小且循环性能不稳定[4]。为了解决这些问题,研究人员尝试向 CuO 中掺杂一些比表面积较大、导电性好的碳材料。与此同时,掺杂碳材料也带来了相应的问题,碳材料电极在充放电的过程中容易被腐蚀,从而影响复合材料的电化学性能[5]。大量的研究结果表明[6],使用导电性较好的金属氧化物作为掺杂剂,可以取得不错的电化学性能,一方面,金属氧化物之间融合度较高,使复合材料各组分之间在结构上更加紧致,另一方面,金属氧化物通常比碳材料更加稳定,不容易被腐蚀,此外,金属氧化物还能提供额外的赝电容,有助于提高复合材料的电容量。在众多的金属氧化物中,MoO_3 由于其层状结构特点,具有良好的导电性,因而适合作为理想的掺杂剂。MoO_3 的二维层通过微弱的范德华力沿[010]方向堆积生长形成有序层状结构,这种结构有利于电荷的传输,因此具有良好导电性。它作为掺杂剂主要有以下优点:(1)可以提高 CuO 复合材料的导电性;(2)其偏负的氧化还原电位,可以增大复合材料的窗口电压;(3)MoO_3 优异的电化学稳定性,可以增强材料的循环稳定性;(4)MoO_3 的有序层状结构有利于快速可逆的氧化还原反应,为复合材料提供电荷与离子传输通道[7]。

　　我们都知道,用作超级电容器电极材料的金属氧化物,一般应具备较大的比表面积、多孔等特点,同时应具有开放的几何结构。至今为止,已经有多种方法能够合成同时具备这些优点的金属氧化物,其中关于 MOF 模板法的研究最为广泛。MOF 是一类多功能材料,具有高孔隙率、大的比表面积、化学性质可调等特点,结构中通常含有纳米尺寸的空腔和开放的通道,因此它们可以作为模板来制备各类具有独特结构的金属氧化物。目前,已经有海量的文献报道了以 MOF 为模板合成金属氧化物的研究,然而,它们大多是制备单一的金属氧化物组分,如以 HKUST-1 为模板制备 CuO[8]、以 MOF-5 为模板制备 ZnO[9]、以 MIL-88 为模板制备 Fe_2O_3[10]、以 $Co_3[Co(CN)_6]_2$ 为模板制备 Co_3O_4[11] 以及以 CPP-3 为模板制备 In_2O_3[12] 等。另外,只有少数的研究报道了双组分金属氧化物的合成方法,如将 HKUST-1 样品用 Ce(Ⅲ)的硝酸盐溶液浸泡,以此为前驱体制备 $CuO\text{-}CeO_2$ 纳米粒子[13]。但是这种方法很难制备出均匀掺杂的双组分金属氧化物,这是因为由这种物理的浸泡方法制备前驱体时,金属盐在 MOF 模板中的分布是完全随机的,不易控制,很难达到均匀。因此,要想获得分散均匀的二元金属氧化物,必须保证模板中具有分散均匀的金属,而传统的掺杂方法(例如搅拌、研磨、超声、浸泡等),根本无法得到掺杂均匀的前驱体。理想的掺杂,应该是原子级别的掺杂,至少也应该是分子级别的掺杂,这样才能满足对模板均匀性的要求。基于这个目的,我们认为,传统的单一 MOF 模板法已经面临极大挑战,发展具有多相金属均匀混合的 MOF 模板十分必要。我们知道,杂多酸(POM,polyoxometalates)作为一种富含金属与氧的大簇基团,可以以阴离子形式参与配位作用,因此它适宜用来制备多金属的 POM@MOF 模板。根据共价理论和静电作用原理,含金属 A 的 POM 可以进入含金属 B 的 MOF 框架内,封闭的 POM 团簇作为次级构筑单元均匀地分散在 MOF 框架中,将此模板在空气中热解以后,可以得到 $AO_x@BO_x$ 双相金属氧化物复合物。显而易见,这种混合是分子层面的相互掺杂,这种掺杂是有序的、均匀的,以 POM@MOF 为模板,在热解的过程中,金属源模板在结构中的相对位置得以保留,不但可以保证双相金属氧化物混合的均匀性,还可以使掺杂接近分子水平,产生绝对充分接触的金属氧化物。

本章以 Mo-POM 插入 Cu-MOF 的框架结构中,形成了具有两相金属的 MOF 复合材料,并首次以此为模板制备了分散均匀且具有较大比表面积的双相金属氧化物 $MoO_3@CuO$,并将这一纳米复合材料应用于超级电容器,制备过程如图 5-1 所示。该电极材料展现出优异的电化学性能,在 1 mol/L LiOH 电解质溶液中的放电比容量为 86.3 mA·h·g^{-1},且循环性能较好,说明该材料

扫码查看
第 5 章彩图

是一种理想的超级电容器电极材料。此外,我们还用 $MoO_3@CuO$ 材料组装了全固态对称超级电容器,电化学测试表明,器件的最大能量密度为 7.9 W·h·kg^{-1},最大功率密度为 8726 W·kg^{-1}。用组装的超级电容器可以点亮红色的发光二极管,证明了该电容器具有实用价值。

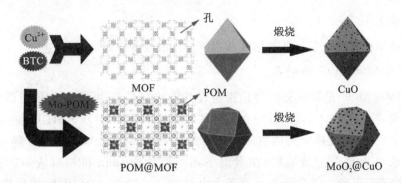

图 5-1　以 POM@MOF 为模板制备双相金属氧化物 MoO₃@CuO 示意图(有彩图)

5.2　实验部分

5.2.1　样品的制备

1. 实验材料

实验中所使用的各类化学试剂及耗材如表 5-1 所示。

表 5-1　实验材料与化学试剂

试剂和耗材	规格或型号	生产厂家
去离子水	—	东南大学
无水乙醇	分析纯	国药集团化学试剂有限公司
N-甲基吡咯烷酮	分析纯	国药集团化学试剂有限公司
$Cu(NO_3)_2 \cdot 3H_2O$	分析纯	国药集团化学试剂有限公司
磷钼酸	分析纯	国药集团化学试剂有限公司
无水硫酸钠	分析纯	国药集团化学试剂有限公司
均苯三甲酸	分析纯	阿拉丁试剂(上海)有限公司
PVA(聚乙烯醇)	分析纯	阿拉丁试剂(上海)有限公司
聚偏二氟乙烯	阿科玛 HSV900	山西力之源电池材料有限公司
导电炭黑	—	山西力之源电池材料有限公司
碳纸	0.19 mm 厚	上海叩实电气有限公司
有机隔膜	Celgard 2032	Celgard
镍极耳	3 mm	科晶集团
Ag/AgCl 电极	CHI660E	上海辰华仪器有限公司

2. 实验设备

实验中使用的仪器设备与第 2 章中所描述的设备相同,不再赘述。

3. POM@MOF 的制备

POM@MOF 是根据文献[14]报道过的方法制备的,我们对此稍微做了些改进。首先,将 1.00 g Cu(NO$_3$)$_2$·3H$_2$O 和 1.00 g H$_3$PMo$_{12}$O$_{40}$·nH$_2$O 加入 20 mL 去离子水中,充分搅拌至固体物质全部溶解,得到澄清的蓝绿色溶液。随后,将该混合溶液放入超声溶解装置,在常温下超声振动 30 min 得到溶液 A;另外,将 1.20 g 均苯三甲酸加入 20 mL 去离子水中,加入 0.10 g NaOH 固体,使均苯三甲酸去质子化,形成溶液 B;将溶液 B 在搅拌状态下缓慢加入溶液 A 中,继续搅拌 10 min,加入约 0.30 g (CH$_3$)$_4$NOH,调整混合溶液 pH 值至 5,将该混合物搅拌 1 h 后加入 100 mL 聚四氟乙烯内衬的高压釜中。在 180 ℃ 下加热混合物 12 h 之后,自然冷却至室温,过滤之后得到深绿色固体,用去离子水和乙醇各洗三遍之后,放入真空干燥箱,在 80 ℃ 下干燥 72 h,最终得到目标产物 POM@MOF。此外,我们仅仅使用 Cu(NO$_3$)$_2$·3H$_2$O 和均苯三甲酸作为原料,以同样的水热条件制备了 Cu-MOF[15],作为参照物。

4. MoO$_3$@CuO 的制备

将以上制备的 POM@MOF 放入瓷舟,置于管式炉中,在常温下通入氮气 2 h 排除空气,然后以 5 ℃/min 的速率升温至 600 ℃,立即停止加热,保持氮气流通,自然冷却降至常温,得到预产物。随后,将预产物放入瓷舟,在空气中以 5 ℃/min 的速率升温至 500 ℃ 并维持 2 h,自然冷却,待温度降至常温,得到的黑色粉末即为目标产物。将预产物以同样条件分别在 200 ℃、300 ℃ 和 400 ℃ 下煅烧,作为参照物。

类似地,在同样条件下分别处理纯 POM 和纯 MOF,作为参照物,分别记作 POM-500 和 MOF-500。

5. 电极的制作

本章以制备的电极材料为活性物质,采用 2.2.1 节中所述方法制备了一系列电极。

6. 全固态对称超级电容器的制备

全固态超级电容器使用的是有机凝胶电解质,首先将 1.00 g PVA 溶于 10 mL 去离子水中,在搅拌状态下加热至 90 ℃,约 20 min 以后,自然冷却至室温。然后,加入 10 mL 含有 0.50 g LiOH 的水溶液,继续搅拌 30 min,得到了 PVA-LiOH 凝胶电解质。将 80%(质量分数,余同)的活性物质、10% 的导电炭黑和 10% 的 PVDF 黏结剂,刮涂到泡沫镍电极片上。在组装超级电容器件之前,先将预先制备的

PVA-LiOH 凝胶电解质均匀地涂覆在泡沫镍电极片上,涂覆面积为 2 cm×2 cm,在空气中自然挥发 3.0 h,确保电解质对电极材料的完全浸润。再次,将两片涂有凝胶电解质的电极片小心地捏合到一起,呈三明治结构,静置 24 h,直到有机凝胶固化。最后在对应的两个电极上焊接镍极耳,作为引出电极,再用硬塑料将整个装置都密封起来,就得到了全固态对称超级电容器,有机凝胶在这里既是电解质,又充当多孔的离子隔膜。

5.2.2　样品的表征

本章实验中,通过 XRD、SEM、TEM、BET 和 XPS 等手段对制备的样品进行了微观形貌和结构表征,实验使用的仪器与 2.2.2 节中所述相同。

5.2.3　电化学测试

本实验以 1 mol/L LiOH 为电解质,Ag/AgCl 为参比电极,铂电极为对电极,目标材料电极为工作电极,在三电极体系下,用上海辰华 CHI660E 型电化学工作站测定了制备样品的循环伏安曲线(CV 曲线)、恒电流充放电曲线(GCD 曲线)和交流阻抗谱(EIS),其实验方法与 2.2.3 节中所述方法相同。

对于组装的电容器件,我们使用上海辰华 CHI660E 型电化学工作站在双电极体系下,测试了样品的功率密度、能量密度、比电容和循环稳定性等一系列电化学性能,测试方法与 2.2.3 节中所述方法相同。

5.3　结果与讨论

我们通过简单的水热法制备了 Cu-MOF 和 POM@MOF 材料。如图 5-2 所示,纯 Cu-MOF 整体呈天蓝色,在将黄绿色杂多酸 Mo-POM 插入 MOF 中以后,得到的产物呈深绿色,这也从侧面说明了,本实验成功合成了新型的复合材料。

为了验证新型材料的结构,我们对其做了 XRD 表征,如图 5-3 所示,目标产物的 XRD 峰型与模拟标准曲线基本一致,但是有两个晶面生长不太完全,这是由于我们用来模拟的晶体学数据来自 $[Cu_2(BTC)_{4/3}(H_2O)_2]_6[POM] \cdot (C_4H_{12}N)_2 \cdot xH_2O$(BTC 为均苯三甲酸阴离子,POM 为 $[PMo_{12}O_{40}]^{3-}$,CCDC 编号为 686797)[14]。根据文献报道,其形貌会随着 pH 值的不同,而展现出从十四面体到八面体的不同状态,而制备这一化合物时 pH 值相对较小,导致我们合成的物质具有相对缺失的晶面。除此之外,几乎大部分衍射峰是对应的,可以判断,我们已经成功地将 POM 插入 MOF 结构中。

Cu-MOF   POM@MOF

图 5-2　Cu-MOF 和 POM@MOF 的外观图像(有彩图)

蓝色粉末为 Cu-MOF,绿色粉末为 POM@MOF

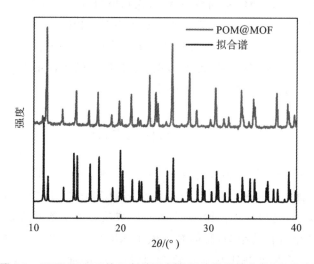

图 5-3　POM@MOF 的 X 射线衍射谱及其模拟标准谱(有彩图)

图 5-4 是 POM@MOF 在氮气中的热重曲线,可以看出,其失重范围在 300~700 ℃之间,由此,我们选择了初始热解温度为 500~600 ℃。

最初,我们直接将 POM@MOF 模板在空气中煅烧至 500 ℃,然而并没有得到期望的目标产物 $MoO_3@CuO$。如图 5-5 所示,根据所得产物的 XRD 谱图分析,其 PDF 卡片编号为 73-0488,最终认定该物质为 $CuMoO_4$。

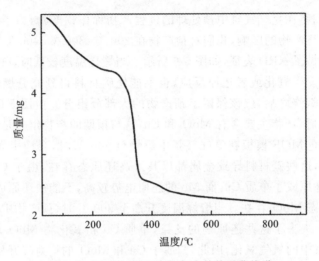

图 5-4　POM@MOF 在氮气中的热重曲线谱

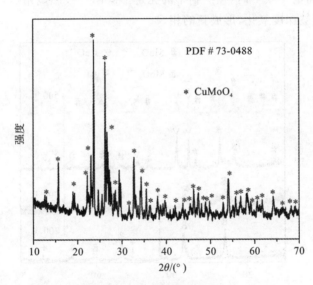

图 5-5　在 500 ℃ 空气环境中直接煅烧 POM@MOF
所得产物的 X 射线衍射谱

　　根据文献[15]报道过的方法,我们采用间接的方式来制备混合氧化物。首先将 POM@MOF 模板在氮气气氛中煅烧至 600 ℃,这样的过程可以使有机配体先形成碳骨架材料。这是由于碳材料在高温状态下具有强还原性,两种金属不会马上被融合反应成 CuMoO$_4$,而是处于相对分开的状态。然后,在空气条件下将碳材料缓慢地消耗,在这个过程中,由于碳材料起到了缓冲带的作用,因此它们以各自金属氧化物的形式缓慢生长,最终以氧化物状态相互掺杂。

在此,我们将在氮气气氛中预处理的过程产物称作预产物,为了研究煅烧预产物的温度对最终产物的影响,我们对预产物在 200 ℃、300 ℃、400 ℃ 和 500 ℃ 条件下煅烧的产物做了 XRD 表征,如图 5-6 所示。当煅烧温度较低时,既不能使金属或者金属氧化物发生氧化或者还原反应,也不能使碳材料得到充分燃烧,因此,预产物在 200 ℃ 下煅烧之后,应该保留了预产物的大部分组分。由图 5-6 可知,预产物经 200 ℃ 锻炼后,产物主要含有 MoO_2 和 Cu,这与预期的产物组分是相符的。我们知道,当 POM@MOF 模板在氮气气氛中煅烧至 600 ℃ 时,会产生大量的碳材料,在高温状态下,这些碳材料导致金属都以其最高还原态存在,由于 Cu 的还原电势较低,因此被还原成了单质 Cu,而 Mo 的还原电势较高,不能被还原成单质,最后以其最低氧化价态 MoO_2 存在。当煅烧温度升高至 300 ℃ 时,预产物中的无定形碳开始被燃烧消耗,失去了这些还原剂的支持,单质 Cu 和氧化物 MoO_2 难以维持原形态,逐渐被空气中的氧气氧化,因此,归属于 Cu 和 MoO_2 的衍射峰开始宽化和钝化。当煅烧温度升高至 400 ℃ 时,预产物中的无定形碳已经被燃烧殆尽,只剩下金属残留相,它们逐渐被深度氧化,形成新的相。

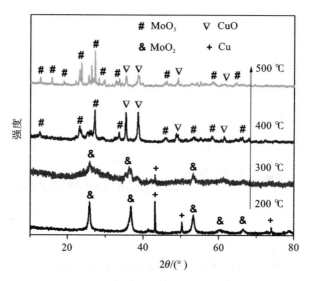

图 5-6 POM@MOF 预产物在不同温度下煅烧产物的
X 射线衍射谱(有彩图)

由 XRD 谱图可知,在 400 ℃ 下煅烧,产物中已经出现了新的 CuO 相和 MoO_3 相,但是峰型较宽,还有许多晶面缺失,且依然残留有微弱的 Cu 和 MoO_2 的峰。直到将预产物在 500 ℃ 下煅烧,才形成了完整的 CuO 相和 MoO_3 相,由 XRD 谱图可知,此时产物的峰型尖锐并且完整,说明两种金属氧化物已经生长完全,具有良好的结晶度,因此确定最佳预产物煅烧温度为 500 ℃。位于 $2\theta = 35.6°$、$38.8°$ 和 $48.8°$

的衍射峰,分别对应于 CuO 的(−111)、(111)和(−202)晶面,其 PDF 卡片编号为
72-0629,而位于 2θ=12.8°、23.3°、27.3°和 33.7°的衍射峰,则分别对应于 MoO_3 的
(020)、(110)、(021)和(111)晶面,其 PDF 卡片编号为 05-0508。

　　由于 MoO_3 和 CuO 都具有特殊的微观结构,因此,我们进一步对其做了激光共
聚焦拉曼光谱测试,如图 5-7 所示。根据文献[7]的报道,MoO_3 的经典拉曼峰一般
出现在 200~1000 cm^{-1} 的范围内,对应于其结构中的 Mo—O 键的伸缩和弯曲振
动。由图 5-7 可以观察到,位于 993 cm^{-1} 和 816 cm^{-1} 的拉曼峰归属于 MoO_3 的 A g
振动带,而位于 662 cm^{-1} 和 281 cm^{-1} 的拉曼峰则归属于其 B g 振动带。这两种拉
曼峰的同时出现,恰好从另外一方面说明了 MoO_3 的微结构中具有层状结构,也证
实了产物中存在 MoO_3 的组分。处于 375 cm^{-1} 的拉曼峰,则对应于纯 CuO 相的 A g
振动带,从侧面印证了产物中含有 CuO 的组分。综合分析拉曼光谱与 XRD 谱图,
说明我们已经成功地制备了目标金属复合物 MoO_3@CuO。

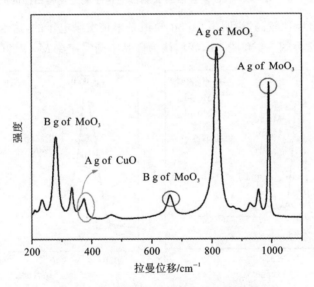

图 5-7　MoO_3@CuO 复合物的拉曼光谱

　　为了进一步证实产物的组成,我们对产物做了 XPS 表征,图 5-8 所示为
MoO_3@CuO复合物的 X 射线光电子能谱宽幅扫描谱。从图谱中可以看出,样品中
存在 Mo、Cu 和 O 三种元素,其中微弱的碳峰可能来自空气。

　　图 5-9 所示为 MoO_3@CuO 复合物的 X 射线光电子能谱。由图 5-9(a)可知,这
两组峰来自 Mo 3d 自旋轨道的裂分,分别对应于 Mo $3d_{5/2}$ 和 Mo $3d_{3/2}$,它们对应的
结合能分别为 232.9 eV 和 236.0 eV,这与文献[16]报道的 Mo^{6+} 的能谱图基本一
致。由 Cu 2p 的分峰谱图[图 5-9(b)]可以看出,Cu $2p_{3/2}$ 主峰旁边存在着强度很高
的指纹峰,这种峰的出现说明样品中没有单质状态的零价 Cu,也没有一价的 Cu^+,

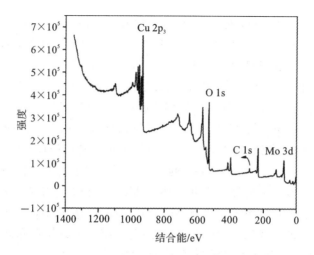

图 5-8　MoO_3@CuO 复合物的 X 射线光电子能谱宽幅扫描谱图

而且主峰的结合能比较高,说明了 Cu $3d_9$ 轨道是未被填满电子的,这也从侧面说明了 Cu^{2+} 的存在。结合图 5-8 和图 5-9,我们认为样品中确实存在 MoO_3@CuO 复合物。

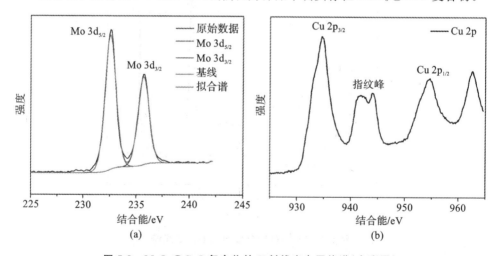

图 5-9　MoO_3@CuO 复合物的 X 射线光电子能谱(有彩图)

(a)Mo 3d 的高分辨精细谱;(b)Cu 2p 的高分辨精细谱

图 5-10 是 MoO_3@CuO 复合物在不同尺寸下的 SEM 图像,由图 5-10(a)我们可以看出,样品呈现十四面体的形貌,并且可以轻易观察到多孔结构。

图 5-10(b)～图 5-10(d)显示,样品是由许多纳米颗粒相互黏合而成的,这些纳米颗粒基本不超过 100 nm,颗粒与颗粒之间留下了大量的孔洞,有微孔也有介孔和大孔。这些孔都是有利于电解质离子的快速扩散的,也就是说,我们制备的样品很适合用作超级电容器电极材料。

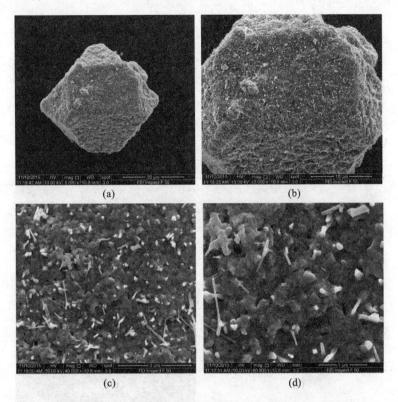

图 5-10　MoO₃@CuO 复合物在不同尺寸下的 SEM 图像

(a)放大 5000 倍；(b)放大 10000 倍；(c)放大 40000 倍；(d)放大 80000 倍

　　图 5-11 是 MoO₃@CuO 复合物的高分辨透射电镜图像以及选区衍射图像。由图 5-11(a)可以看出，样品具有良好的结晶度，晶格间距为 0.69 nm、0.38 nm 和 0.35 nm 的条纹，分别对应于 MoO₃ 的(020)、(110)和(040)晶面，而晶格间距为 0.23 nm 的条纹，则代表 CuO 的(111)晶面。这些晶格条纹相互交织，从侧面证明了 MoO₃ 和 CuO 的相互均匀融合。图 5-11(b)显示的是 MoO₃ 相在边缘的层状结构。图 5-11(c)和图 5-11(d)是样品的普通透射电镜图和选区衍射图像，样品的衍射环数据与 XRD 谱图和高分辨表征再次相互印证，其中间距为 0.38 nm、0.33 nm 和 0.27 nm 的衍射环分别对应于 MoO₃ 的(110)、(021)和(111)晶面，而间距为 0.23 nm 和 0.19 nm 的衍射环则对应于 CuO 的(111)和(−202)晶面。这些数据一起说明了，我们成功地制备了 MoO₃@CuO 复合物。

　　为了进一步验证复合材料的分散均匀性，我们对样品做了 EDS 分析测试。图 5-12(a)所示是样品中各个元素的面扫分布图像，其中，绿色的像素代表 Cu 元素，蓝色的代表 Mo 元素，红色的代表 O 元素。可以看到，Cu 和 Mo 的分布十分均匀，说明两种金属氧化物的分散均匀性良好。图 5-12(b)和图 5-12(c)分别代表 Cu 和 Mo

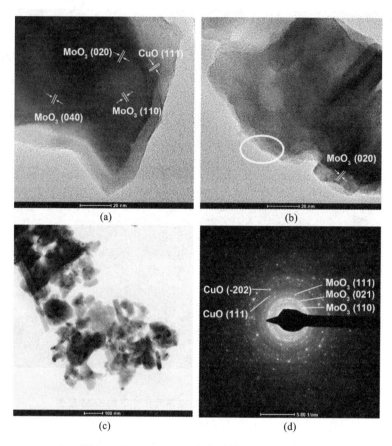

图 5-11　MoO₃@CuO 复合物的透射电镜图像

（a）高分辨透射电镜图像；（b）MoO₃相在边缘的层状结构；（c）普通透射电镜图像；（d）选区衍射图像

的分布状态，可以看出，Cu 的分布较 Mo 多，符合我们制备这一复合材料的初衷，即用 MoO₃来掺杂修饰 CuO，以达到改善 CuO 结构和性能的目的。

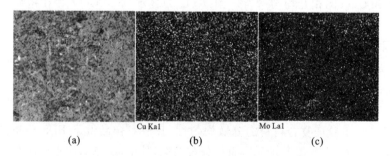

图 5-12　MoO₃@CuO 复合物的元素分析图像（有彩图）

（a）各元素的叠加图；（b）Cu 元素的单独分布图；（c）Mo 元素的单独分布图

　　图 5-13 是 MoO₃@CuO 复合物的氮气脱附/吸附测试,由此我们可以得到复合材料的比表面积和孔径分布信息。根据 Barrett-Joyner-Halenda 方法计算,该复合材料的 BET 表面积为 91.5 $m^2 \cdot g^{-1}$,结构中含有介孔,平均孔径为 7.5 nm,大部分孔径分布在 4 nm 附近。这与之前报道过的[17],由 MOF 模板制备金属氧化物的孔分布类似,研究表面上这种孔分布状态有利于电解质离子在电极材料中的扩散,有助于电极材料发生快速的氧化还原反应。

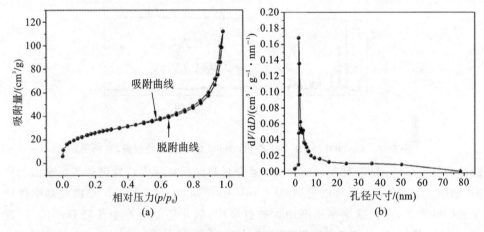

图 5-13　MoO₃@CuO 复合物的孔径结构表征

(a)氮气吸附/脱附等温曲线;(b)孔径分布曲线

　　为了研究复合材料的电化学性能,我们使用 1 mol/L LiOH 作为电解质溶液,在三电极系统里测试了相关材料的循环伏安特性、恒电流充放电特性以及交流阻抗特性。由于 MoO₃@CuO 复合物是以 POM@MOF 为模板制备的,为了验证这一复合物模板的优越性,我们分别将单独的 POM 和 MOF 以同样的条件进行处理,分别记作 POM-500 和 MOF-500,作为参照物。最终证实,POM-500 和 MOF-500 分别是 MoO₃ 和 CuO,如图 5-14 所示。

　　图 5-15(a)是 MoO₃@CuO、POM-500 和 MOF-500 电极材料在 10 mV · s^{-1} 扫描速率下的 CV 曲线,电解质是 1 mol/L LiOH,参比电极是 Ag/AgCl。POM-500(即为 MoO₃)的工作电压窗口为 -0.3~0.5 V,在此区间内没有明显的氧化还原峰出现,呈现标准的类矩形形状。MOF-500(即为 CuO)的工作电压窗口为 0~0.5 V,在此区间内有一对氧化还原峰,分别出现在 0.379 V 和 0.332 V 的位置。而掺杂了 MoO₃ 的 CuO 材料,工作电压窗口增大到 -0.3~0.5 V,氧化还原峰基本保持在原位置左右,复合材料的氧化还原峰出现在 0.407 V 和 0.305 V 的位置。从形状上来看,复合材料的 CV 曲线基本是两种单独材料 CV 曲线的叠合,但是复合材料的 CV 曲线面积却远远大于两种单独材料,这意味着复合材料具有远大于单独材料

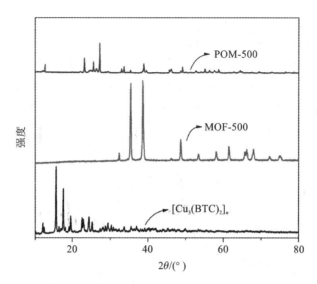

图 5-14 Cu-MOF、MOF-500 和 POM-500 的 X 射线衍射谱(有彩图)

的比容量。随后,我们对 $MoO_3@CuO$ 复合材料的循环伏安特性进行了更全面的研究,如图 5-15(b)所示。可以看到,从 $5\ mV\cdot s^{-1}$ 到 $80\ mV\cdot s^{-1}$,CV 曲线基本保持了相同的形状,在扫描速率逐渐增大的过程中,氧化还原峰发生了轻微的位移,这是由于在大扫描速率下,电荷转移动力学受到了抑制。这些 CV 特征表明,$MoO_3@CuO$ 复合材料属于法拉第电容材料。

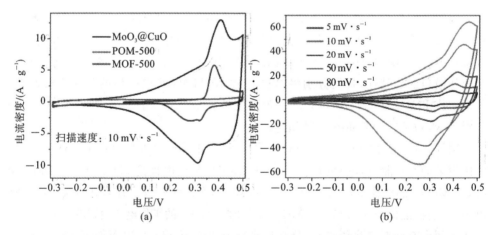

图 5-15 不同电极在三电极体系中的循环伏安性能对比(有彩图)

(a)$MoO_3@CuO$、POM-500 和 MOF-500 在 $10\ mV\cdot s^{-1}$ 扫描速率下的循环伏安曲线图;

(b)$MoO_3@CuO$ 在不同扫描速率下的循环伏安曲线图

根据以上特征,我们推测电极材料在工作过程中,电荷的转移和传输主要通过以下两个反应过程:

（1）第一个过程是在 $MoO_3@CuO$ 复合材料表面发生的对 Li^+ 的电化学吸附过程，这一过程能够产生电荷的流动，这属于一种非法拉第电荷转移过程。这个过程能否顺利进行，关键问题在于，电极材料的费米能级是否处在还原剂的最高占有态和氧化剂的最低非占有态之间。对于本材料来讲，它的非法拉第电荷转移过程，是通过以下反应实现的[18]：

$$(Mo^{VI}O_3)_{surface} + Li^+ + e^- \longleftrightarrow (Mo^V O_3 Li^+)_{surface} \tag{5-1}$$

$$(Cu^{II}O)_{surface} + Li^+ + e^- \longleftrightarrow (Cu^I OLi^+)_{surface} \tag{5-2}$$

（2）第二个过程则是法拉第电荷转移过程，它产生于电极材料的法拉第反应。这包括，移动的 Li^+ 从电解质溶液中到 MoO_3 材料的层状结构中，发生的嵌入和脱出所带来的感应电流，以及 Cu 在不同价态间转换（从 Cu^{2+} 到 Cu^+），发生氧化还原反应所产生的电流。电荷以法拉第电流的状态储存在层状结构空穴中或者金属原子的变价状态中，对于本材料来讲，它们通过以下反应式实现[19,20]：

$$MoO_3 + xLi^+ + xe^- \longleftrightarrow Li_x MoO_3 \tag{5-3}$$

$$2CuO + H_2O + 2e^- \longleftrightarrow Cu_2O + 2OH^- \tag{5-4}$$

图 5-16 研究了电极材料的恒电流充放电曲线，其中图 5-16(a)是 $MoO_3@CuO$ 在不同电流密度下的恒电流充放电曲线。这些曲线都具有良好的对称性，说明电极材料在快速的充放电过程中，具有优异的库仑效率。曲线中平缓的斜坡与 CV 曲线中慢速的氧化还原峰相对应，进一步印证了 $MoO_3@CuO$ 复合材料的法拉第电容特性。电容值在大电流密度下逐渐降低，这是由于电极材料不能及时进行充分的电荷转移造成的。图 5-16(b)是三种材料在 $1\ A \cdot g^{-1}$ 电流密度下的恒电流充放电曲线，可以看到，纯 CuO 材料具有狭窄的窗口电压和较低的放电时间，而经过 MoO_3 掺杂以后，窗口电压有所增大，放电时间得到极大延长，复合材料的充放电特性对比两种原材料均有极大的提高。这充分证明了，我们制备双相金属氧化物的思路是正确的。

为了充分考察三种材料的电容能力，我们计算了它们在不同电流密度下的比电容量变化。根据之前的文献报道，对于具有法拉第电容特性的电极材料，其比容量可以用以下公式计算[21]：

$$Q_D = \frac{I \times t_D}{m_{el} \times 3.6} \tag{5-5}$$

式中，Q_D 代表比容量，单位为 $mA \cdot h \cdot g^{-1}$；I 代表充放电电流，单位为 A；t_D 代表放电时间，单位为 s；m_{el} 代表电极材料的总质量，单位为 g。

根据公式(5-5)计算以后，我们做出了三种材料的电流密度-比容量函数曲线，如图 5-17 所示。可以看出，在电流密度分别为 $1\ A \cdot g^{-1}$、$2\ A \cdot g^{-1}$、$3\ A \cdot g^{-1}$、$4\ A \cdot g^{-1}$、$5\ A \cdot g^{-1}$、$10\ A \cdot g^{-1}$、$20\ A \cdot g^{-1}$ 时，MoO_3 在 $-0.3 \sim 0.5$ V 区间内的比容量分别为 $7.7\ mA \cdot h \cdot g^{-1}$、$6.5\ mA \cdot h \cdot g^{-1}$、$6.3\ mA \cdot h \cdot g^{-1}$、$6.0\ mA \cdot h \cdot g^{-1}$、$5.7\ mA \cdot h \cdot g^{-1}$、$5.0\ mA \cdot h \cdot g^{-1}$、$4.0\ mA \cdot h \cdot g^{-1}$；CuO 在 $-0.3 \sim 0.5$ V 区间

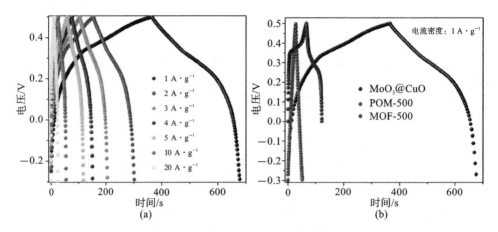

图 5-16 不同电极在三电极体系中的恒电流充放电性能对比（有彩图）
（a）$MoO_3@CuO$ 复合材料在不同电流密度下的恒电流充放电曲线；
（b）三种材料在 1 A·g^{-1} 电流密度下的恒电流充放电曲线

内的比容量分别为 15.4 mA·h·g^{-1}、15.0 mA·h·g^{-1}、14.6 mA·h·g^{-1}、14.2 mA·h·g^{-1}、13.8 mA·h·g^{-1}、12.0 mA·h·g^{-1}、9.5 mA·h·g^{-1}；$MoO_3@CuO$ 复合材料在 $-0.3 \sim 0.5$ V 区间内的比容量分别为 86.3 mA·h·g^{-1}、81.5 mA·h·g^{-1}、82.0 mA·h·g^{-1}、81.6 mA·h·g^{-1}、79.0 mA·h·g^{-1}、75.3 mA·h·g^{-1}、71.9 mA·h·g^{-1}。在 1 A·g^{-1} 电流密度下，三种材料的最大比容量分别为 7.7 mA·h·g^{-1}、15.4 mA·h·g^{-1} 和 86.3 mA·h·g^{-1}。以上这些比容量对比说明，经过掺杂的复合材料在比容量方面具有显著的优势。

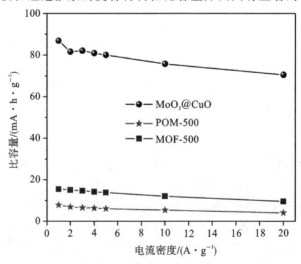

**图 5-17 三电极体系中，$MoO_3@CuO$、POM-500 和 MOF-500
在不同电流密度下的比容量变化曲线（有彩图）**

此外,我们总结了之前报道过的 CuO 超级电容器的比容量性能,见表 5-2。表 5-2 中所列举的 CuO 超级电容器电极材料,其中有不同结构的,也有不同的掺杂形式,本文所研究的 MoO_3@CuO 电极比其中大部分 CuO 电极具有更高的比容量。

表 5-2 不同形貌及结构的 CuO 超级电容器在三电极体系下的比容量性能

CuO 电极材料形貌或结构	比容量/($mA \cdot h \cdot g^{-1}$)	电流密度	窗口电压/V	参考文献(年份)
MoO_3@CuO	86.3	1 A/g	0.8	本研究结果
花状 CuO	14.9	10 mA/cm^2	0.4	[25](2008)
无定形 CuO	10.0	—	1.0	[26](2009)
CuO 多层纳米片	9.6	10 mV/s	0.8	[27](2010)
CuO 纳米片	63.2	5 mA/cm^2	0.4	[28](2011)
荷花状 $CuO/Cu(OH)_2$	42.5	2 mA/cm^2	0.55	[29](2012)
纳米 CuO	16.9	5 mV/s	0.65	[30](2013)
CuO 纳米花	17.3	1 A/g	0.48	[31](2013)
菜花状 CuO	44.7	5 mV/s	0.9	[32](2013)
CuO	31.7	2 mA/cm^2	0.6	[33](2013)
CuO	86.5	5 mV/s	0.9	[34](2013)
CuO	15.2	3 mA/cm^2	0.4	[35](2013)
三维多孔 CuO	48.3	1 A/g	0.5	[36](2013)
CuO	150	1.5 A/g	0.6	[37](2014)
CuO	41.1	0.7 A/g	0.5	[38](2015)
Cu_2O/CuO/石墨烯	38.5	1 A/g	0.8	[39](2015)
碳负载 CuO	26.5	1 A/g	0.46	[40](2015)
CuO/聚苯胺	46.3	5 mV/s	0.9	[22](2015)
碳/CuO	34.2	1 A/g	0.6	[23](2015)
CuO@MnO_2	70.2	0.1 A/g	1.0	[6](2015)
CuO/MnO_2 核壳结构	63.3	1 A/g	1.0	[24](2015)
石墨烯/大孔 CuO	115.8	0.9 A/g	1.0	[41](2015)
纳米多孔 CuO	59.9	3.5 mA/cm^2	0.5	[42](2015)

早期对于 CuO 电极材料的研究主要集中在控制形貌的方面,文献报道了丰富的 CuO 微观结构,人们渐渐发现,形貌的改变虽然对电极材料的比容量有所影响,但是更加精细的纳米结构并没有为 CuO 电极材料带来显著的性能提升。后来,研究人员开始转移研究重点,他们发现,单一的 CuO 材料组成是提升其电化学性能的最大阻碍,对 CuO 进行掺杂可以有效地解决这些问题。尤其是最近的几种复合 CuO 电极,如 CuO/PANI[22]、C/CuO[23]、CuO@MnO_2[6] 和 CuO/MnO_2 核壳结构[24]等,它们分别用导电聚合物、碳材料和金属氧化物对 CuO 进行了掺杂,几乎涵盖了

所有基础的超级电容器电极材料。尽管如此,本研究制备的 MoO_3@CuO 复合物电极具有比它们更加优异的比容量,我们认为,这应该归因于以下几方面:首先,MoO_3 的掺杂提高了 CuO 电极材料的导电性,良好的导电性为优秀的电化学性能奠定了基础;其次,MoO_3 的掺杂拓展了 CuO 电极材料的窗口电压范围;最后,也是最重要的一点,我们使用的 POM@MOF 模板,既为复合材料提供了均匀的分散性,从结构上使多相材料能够有效地融合,减少相与相之间的壁垒,又为复合材料提供了多孔性以及较大的比表面积,这些结构上的优秀特性为电极材料在工作过程中的离子扩散和电荷转移提供了便利,使电极材料能够更加快速有效地进行法拉第反应。

MoO_3@CuO 复合材料的交流阻抗谱进一步证实了以上推论。如图 5-18 所示,高场区半圆半径代表了法拉第电荷转移阻抗 R_{ct} 的大小,这些阻抗对应于电解质可出入区域的所有阻抗,与电极材料的微观结构有关。对于 MoO_3 来讲,其层状结构能为电子的转移带来便利,沿着[010]方向的二维层能够促使电解质离子进行有效的扩散[43],因此 MoO_3 具有较低的电荷转移阻力,反映在交流阻抗谱上,就是具有较小的半圆半径。Nyquist 曲线与实轴的截距,代表的是整个电路的等效串联电阻 R_s,这包括电极材料的内在固有电阻、如 MoO_3 和 CuO 的固有电阻、电解质溶液的内在电阻以及电极材料与集流体之间的接触电阻。我们可以看到,复合材料比 CuO 具有更小的 R_{ct} 和 R_s。而直线部分处于低场区,直线斜率代表的是电极材料与电解质溶液中的韦博扩散阻抗 R_w,直线越陡峭,说明扩散阻力越小,这部分阻抗与电极材料的多孔结构有关[44]。可以看到,MOF-500 由于保留了 MOF 材料的多孔结构,因此具有比 POM-500 更小的扩散阻力。MoO_3@CuO 复合材料,既保留了 MoO_3 的层状结构特点,又保留了 MOF 材料的多孔特点,所以整体具有比较小的阻抗。

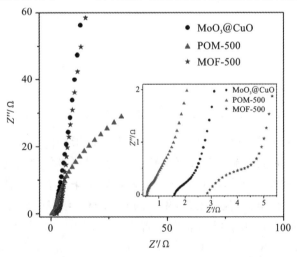

图 5-18 MoO_3@CuO、POM-500 和 MOF-500 的交流阻抗谱(有彩图)

近日以来,全固态超级电容器备受青睐,因为它使用的是固体电解质,相比液体电解质而言,更加安全和环保。为了检验我们制备的电极材料的实用性,我们以 PVA-LiOH 凝胶作为电解质和隔膜,MoO_3@CuO 复合材料为工作电极,组装了全固态对称超级电容器。器件的电化学性能如图 5-19 所示,图 5-19(a)是器件在不同电流密度下的 GCD 曲线,可以看出,GCD 曲线基本对称,表征了良好的库仑效率。

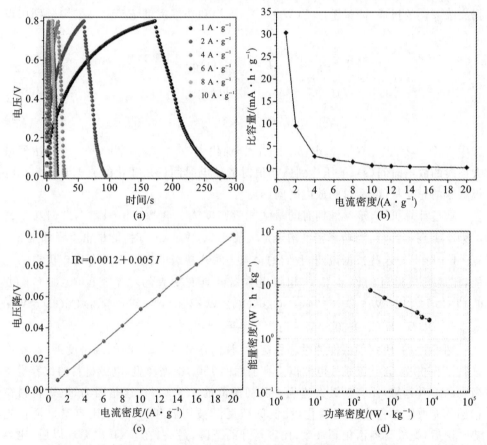

图 5-19　MoO_3@CuO 复合材料的全固态对称超级电容器件的电化学性能(有彩图)
(a)在不同电流密度下的 GCD 曲线;(b)比容量与电流密度函数曲线;
(c)电压降与电流密度函数;(d)拉贡曲线

我们随后根据 GCD 曲线和公式(5-5)计算了器件的比容量,如图 5-19(b)所示。器件展现的最大比容量为 31.5 $mA \cdot h \cdot g^{-1}$,对应的电流密度为 1 $A \cdot g^{-1}$。当电流密度增加到 2 $A \cdot g^{-1}$、4 $A \cdot g^{-1}$、6 $A \cdot g^{-1}$ 和 8 $A \cdot g^{-1}$ 时,比容量分别衰减为 9.5 $mA \cdot h \cdot g^{-1}$、2.6 $mA \cdot h \cdot g^{-1}$、1.7 $mA \cdot h \cdot g^{-1}$ 和 1.5 $mA \cdot h \cdot g^{-1}$,这个结果归因于大电流密度时,过快的离子扩散使电极材料无法充分反应。图 5-19(c)是电极材料的电压降 IR 与电流密度函数的关系曲线,可以看到,当电流密度较大时,

电压降也变大,这就增加了电极材料的能量损失,这也是导致大电流密度情况下比容量降低的原因之一。电流密度与电压降往往成线性关系,直线的斜率代表了初始阻抗,对于本电极,拟合直线关系为 IR＝0.0012＋0.005I,拟合准确度较高。较小的斜率表明,电极材料的初始阻抗较小,因而会具有较快的 I-V 响应。

图 5-19(d)是器件的拉贡曲线,展示了器件的能量密度和功率密度的关系。根据文献[21]的报道,能量密度 E(W・h・kg^{-1})和功率密度 P(W・kg^{-1})分别用以下公式计算:

$$E = \frac{I \int_{t(U_{\max})}^{t(U_{\min})} U(t)\mathrm{d}t}{3.6m_{\mathrm{el}}} \tag{5-6}$$

$$P = \frac{E}{\Delta t} \times 3600 \tag{5-7}$$

式中,I、U、$t(U_{\max})$、$t(U_{\min})$、$\mathrm{d}t$、m_{el} 和 Δt 分别代表电流(A)、电压(V)、电压达到最大值时的放电时间(s)、电压达到最小值时的放电时间(s)、变化的放电时间(s)、电极材料的总质量(g)和总的放电时间(s)。

通过计算可知,该器件拥有的最大能量密度为 7.9 W・h・kg^{-1},此时功率密度为 261 W・kg^{-1},当功率密度增至最大值 8726 W・kg^{-1} 时,能量密度降低至 2.3 W・h・kg^{-1}。这些数据说明,我们的全固态对称超级电容器件具有比较优秀的性能,比最近报道过的许多 CuO 超级电容器件具有更大的功率密度,比如 Cu$_2$O/CuO/Co$_3$O$_4$(162 W・kg^{-1})[45]、CuO/rGO(72 W・kg^{-1})[46]、CuO@3D Cu(6800 W・kg^{-1})[47]以及 3D CuO(7000 W・kg^{-1})[42]等。

图 5-20(a)研究了器件的循环稳定性,我们在 3 A・g^{-1} 的电流密度下,对器件进行了 5000 次恒电流充放电测试。在前面的 1500 次循环里,电极材料的比容量有微弱的上升趋势,比容量最大达到了其初始值的 115.4%。这是因为,电极材料在初始的充放电过程中得到活化,孔洞间隙逐渐被拓展利用,所以比容量呈增长趋势。随后,电极材料活化到极致,比容量开始下降,最终,在 5000 次循环以后,比容量保持在其初始比容量的 88.5%。这一循环稳定性,与同类器件相当。如图 5-20 所示,我们展示了全固态对称超级电容器件的组装过程,首先,PVA-LiOH 凝胶电解质被均匀地涂覆到制备好的泡沫镍电极片上,然后等待凝胶自然挥发,并在凝胶彻底固化以前将两片电极黏合。静置三明治结构的器件,直到中间的凝胶层固化,在两个电极片上引出极耳以后,用两片塑料外壳封塑,以起到保护器件的作用。最终,为了检验器件的实践可行性,我们用三个串联的器件点亮了一个红色的 LED 灯泡(额定电压为 2.2 V)。由此证明,我们组装的全固态器件是有效可行的。

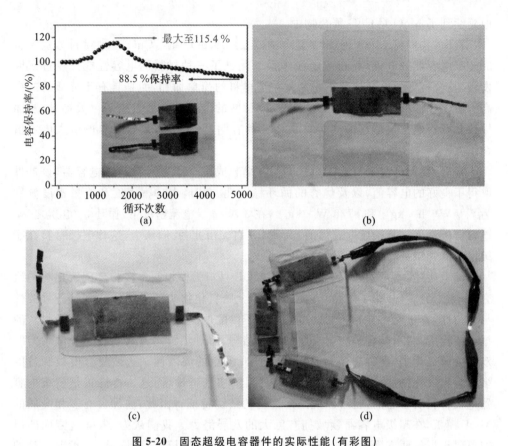

图 5-20　固态超级电容器件的实际性能（有彩图）

（a）器件的循环稳定性曲线，插图为涂有 PVA-LiOH 凝胶的泡沫镍电极片；
（b）黏合后的电极片及保护用塑料外壳；（c）组装完成的全固态对称超级电容器件；
（d）三个串联的器件点亮了一个红色 LED 小灯

5.4　本章小结

　　首先，本章采用简单的水热法制备了 POM@MOF 模板材料，成功地将杂多酸阴离子 Mo-POM 插入 Cu-MOF 的框架结构中。随后，利用该复合材料作为前驱体，通过两步煅烧法（在氮气中煅烧＋在空气中煅烧），成功制备了分散性良好的 MoO_3@CuO 复合物。

　　其次，对于制备的 MoO_3@CuO 复合材料进行了结构表征与鉴定，通过 XRD 谱图、拉曼谱图、元素分析及 XPS 谱图分析讨论，判定了 MoO_3@CuO 复合物的成功制备。随后，通过 SEM 和 TEM 观察了其形貌与结构，并通过 BET 测试确定了材料的比表面积和孔径分布，我们认为 POM@MOF 模板的优越结构特点被有效

地延续到了 $MoO_3@CuO$ 复合物中。

再次,我们将 $MoO_3@CuO$ 复合物以及纯 MoO_3 和纯 CuO 三种材料分别制备成超级电容器的电极,并在三电极体系下测试了三种材料的电容性能。经过研究发现,复合材料的电容值并不是两种单纯材料的简单加和,而是具有十分显著的提高。由此我们推断,MoO_3 的掺杂为 CuO 材料的电化学性能带来了巨大提升,从而导致其电容值与报道过的同类材料相比具有明显的优势,复合材料的最大电容值在 $1\ A \cdot g^{-1}$ 时达到 $86.3\ mA \cdot h \cdot g^{-1}$。

最后,我们将复合材料 $MoO_3@CuO$ 组装成了全固态对称超级电容器,该器件取得了良好的电容值,以及优秀的循环稳定性。其最大功率密度和能量密度分别为 $7.9\ W \cdot h \cdot kg^{-1}$ 和 $8726\ W \cdot kg^{-1}$,在 $3\ A \cdot g^{-1}$ 电流密度下,循环 5000 次之后,电容器依然保持其初始电容值的 88.5% 左右。由此,我们认为,这种电极材料在超级电容器领域具有极大的发展潜力。

综上所述,本章的研究为后续的以 MOF 材料为模板制备多相金属氧化物的研究,积累了经验,开拓了思路。传统的多相金属氧化物制备方法往往不具备可控性与均匀性,本研究将异相金属的多酸阴离子以配位键的形式插入本相 MOF 材料的框架结构中,利用配合物均匀有序的空间结构,通过热解的方式制备了分散均匀的双相金属氧化物,这种思路打破了传统合成模板的局限性。这种复合模板制备的多相金属氧化物,可以充分保留 MOF 材料的多孔特性,而这一特性正是超级电容器电极材料所必需的,也可以说是最关键的结构特征。因此,这种含有多相金属的MOF 模板,在超级电容器领域拥有巨大的发展潜力。我们认为,未来这方面的研究可以拓展至两方面:一是,有效地调控含有金属相团簇的配位模式,实现定量的掺杂;二是,发展三相甚至多相金属 MOF 模板,以此制备多相金属氧化物复合材料。我们相信,经过更多研究者的探索与发展,金属有机框架材料衍生多相金属氧化物的研究必然能够在超级电容器领域取得突破与进展。

本章参考文献

[1] BAI M H, BIAN L J, SONG Y, et al. Electrochemical codeposition of vanadium oxide and polypyrrole for high-performance supercapacitor with high working voltage[J]. ACS Applied Materials & Interfaces, 2014, 6(15): 12656-12664.

[2] ZHU M Y, ZHANG X, ZHOU Y, et al. Facile solvothermal synthesis of porous $ZnFe_2O_4$ microspheres for capacitive pseudocapacitors[J]. RSC Advances, 2015, 5(49): 39270-39277.

[3] LEE Y, CHOI H, KIM M S, et al. Nanoparticle-mediated physical exfoliation of aqueous-phase graphene for fabrication of three-dimensionally structured hybrid electrodes [J]. Scientific Reports, 2016, 6: 19761.

［4］ZHU G X,XU H,XIAO Y Y,et al. Facile fabrication and enhanced sensing properties of hierarchically porous CuO architectures[J]. ACS Applied Materials & Interfaces,2012,4(2): 744-751.

［5］DUBAL D P,CHODANKAR N R,GUND G S,et al. Asymmetric supercapacitors based on hybrid CuO@ reduced graphene oxide@ sponge versus reduced graphene oxide@ sponge electrodes[J]. Energy Technology,2015,3(2):168-176.

［6］GUO X L,LI G,KUANG M,et al. Tailoring kirkendall effect of the KCu_7S_4 microwires towards cuO@ MnO_2 core-shell nanostructures for supercapacitors[J]. Electrochimica Acta, 2015,174:87-92.

［7］BALDONI M,CRACO L,SEIFERT G,et al. A two-electron mechanism of lithium insertion into layered α-MoO_3:a DFT and DFT＋U study[J]. Journal of Materials Chemistry A,2013, 1(5):1778-1784.

［8］BANERJEE A,SINGH U,ARAVINDAN V,et al. Synthesis of CuO nanostructures from Cu-based metal organic framework(MOF-199)for application as anode for Li-ion batteries[J]. Nano Energy,2013,2(6):1158-1163.

［9］YANG S J,NAM S,KIM T,et al. Preparation and exceptional lithium anodic performance of porous carbon-coated ZnO quantum dots derived from a metal-organic framework[J]. Journal of American Chemical Society,2013,135(20):7394-7397.

［10］XU X D,CAO R G, JEONG S, et al. Spindle-like mesoporous α-Fe_2O_3 anode material prepared from MOF template for high-rate lithium batteries[J]. Nano Letters,2012,12(9): 4988-4991.

［11］YAN N,HU L, LI Y, et al. Co_3O_4 nanocages for high-performance anode material in lithiumion batteries[J]. The Journal of Physical Chemistry C,2012,116(12):7227-7235.

［12］CHO W, LEE Y H, LEE H J,et al. Systematic transformation of coordination polymer particles to hollow and non-hollow In_2O_3 with pre-defined morphology [J]. Chemical Communications 2009(31):4756-4758.

［13］ZAMARO J M,PÉREZ N C,MIRÓ E E,et al. HKUST-1 MOF:a matrix to synthesize CuO and CuO-CeO_2 nanoparticle catalysts for CO oxidation[J]. Chemical Engineering Journal, 2012,195:180-187.

［14］SUN C Y,LIU S X,LIANG D D,et al. Highly stable crystalline catalysts based on a microporous metal-organic framework and polyoxometalates [J]. Journal of American Chemical Society,2009,131(5):1883-1888.

［15］WU R B, QIAN X K, YU F, et al. MOF-templated formation of porous CuO hollow octahedra for lithium-ion battery anode materials[J]. Journal of Materials Chemistry A, 2013,1(37):11126-11129.

［16］MCEVOY T M, STEVENSON K J, HUPP J T, et al. Electrochemical preparation of molybdenum trioxide thin films:effect of sintering on electrochromic and electroinsertion properties[J]. Langmuir,2003,19(10):4316-4326.

［17］TAN H L，MA C J，GAO L，et al. Metal-organic framework-derived copper nanoparticle@ carbon nanocomposites as peroxidase mimics for colorimetric sensing of ascorbic acid［J］. Chemistry-A European Journal，2014，20（49）：16377-16383.

［18］LIANG R L，CAO H Q，QIAN D. MoO$_3$ nanowires as electrochemical pseudocapacitor materials［J］. Chemical Communications，2011，47（37）：10305-10307.

［19］LU Y，LIU X M，QIU K W，et al. Facile synthesis of graphene-like copper oxide nanofilms with enhanced electrochemical and photocatalytic properties in energy and environmental applications［J］. ACS Applied Materials & Interfaces，2015，7（18）：9682-9690.

［20］SHAKIR I，SHAHID M，YANG H W，et al. Structural and electrochemical characterization of α-MoO$_3$ nanorod-based electrochemical energy storage devices［J］. Electrochimica Acta，2010，56（1）：376-380.

［21］LAHEÄÄR A，PRZYGOCKI P，ABBAS Q，et al. Appropriate methods for evaluating the efficiency and capacitive behavior of different types of supercapacitors［J］. Electrochemistry Communications，2015，60：21-25.

［22］GHOLIVAND M B，HEYDARI H，ABDOLMALEKI A，et al. Nanostructured CuO/PANI composite as supercapacitor electrode material［J］. Materials Science in Semiconductor Processing，2015，30：157-161.

［23］FAN Y，LIU P F，YANG Z J. CuO nanoparticles supported on carbon microspheres as electrode material for supercapacitors［J］. Ionics，2015，21（1）：185-190.

［24］ZHANG Z Q，MA C C，HUANG M，et al. Birnessite MnO$_2$-decorated hollow dandelion-like CuO architectures for supercapacitor electrodes［J］. Journal of Materials Science：Materials in Electronics，2015，26（6）：4212-4220.

［25］ZHANG H X，FENG J，ZHANG M L. Preparation of flower-like CuO by a simple chemical precipitation method and their application as electrode materials for capacitor［J］. Materials Research Bulletin，2008，43（12）：3221-3226.

［26］PATAKE V，JOSHI S，LOKHANDE C，et al. Electrodeposited porous and amorphous copper oxide film for application in supercapacitor［J］. Materials Chemistry and Physics，2009，114（1）：6-9.

［27］DUBAL D，DHAWALE D，SALUNKHE R，et al. Fabrication of copper oxide multilayer nanosheets for supercapacitor application［J］. Journal of Alloys and Compounds，2010，492（1）：26-30.

［28］WANG G L，HUANG J C，CHEN S L，et al. Preparation and supercapacitance of CuO nanosheet arrays grown on nickel foam［J］. Journal of Power Sources，2011，196（13）：5756-5760.

［29］HSU Y K，CHEN Y C，LIN Y G. Characteristics and electrochemical performances of lotus-like CuO/Cu(OH)$_2$ hybrid material electrodes［J］. Journal of Electroanalytical Chemistry，2012，673：43-47.

［30］KRISHNAMOORTHY K，KIM S J. Growth，characterization and electrochemical properties of hierarchical CuO nanostructures for supercapacitor applications[J]. Materials Research Bulletin,2013,48(9):3136-3139.

[31] HENG B J,QING C,SUN D M,et al. Rapid synthesis of CuO nanoribbons and nanoflowers from the same reaction system,and a comparison of their supercapacitor performance[J]. RSC Advances,2013,3(36):15719-15726.

[32] DUBAL D P,GUND G S,HOLZE R,et al. Mild chemical strategy to grow micro-roses and micro-woolen like arranged CuO nanosheets for high performance supercapacitors[J]. Journal of Power Sources,2013,242:687-698.

[33] ENDUT Z, HAMDI M, BASIRUN W. Pseudocapacitive performance of vertical copper oxide nanoflakes[J]. Thin Solid Films,2013,528:213-216.

[34] DUBAL D P, GUND G S, LOKHANDE C D, et al. CuO cauliflowers for supercapacitor application:novel potentiodynamic deposition[J]. Materials Research Bulletin,2013,48(2): 923-928.

[35] ZHANG Y X, HUANG M, KUANG M, et al. Facile synthesis of mesoporous CuO nanoribbons for electrochemical capacitors applications [J]. International Journal of Electrochemical Science,2013,8:1366-1381.

[36] YU L T,JIN Y Y,LI L L,et al. 3D porous gear-like copper oxide and their high electrochemical performance as supercapacitors [J]. CrystEngComm, 2013, 15 (38): 7657-7662.

[37] DENG M J, WANG C C, HO P J, et al. Facile electrochemical synthesis of 3D nano-architectured CuO electrodes for high-performance supercapacitors[J]. Journal of Materials Chemistry A,2014,2(32):12857-12865.

[38] SENTHILKUMAR V, KIM Y S, CHANDRASEKARAN S, et al. Comparative supercapacitance performance of CuO nanostructures for energy storage device applications [J]. RSC Advances,2015,5(26):20545-20553.

[39] WANG K, DONG X M, ZHAO C J, et al. Facile synthesis of $Cu_2O/CuO/rGO$ nanocomposite and its superior cyclability in supercapacitor[J]. Electrochimica Acta,2015, 152:433-442.

[40] WEN T,WU X L,ZHANG S,et al. Core-shell carbon-coated CuO nanocomposites:a highly stable electrode material for supercapacitors and lithium-ion batteries[J]. Chemistry-An Asian Journal,2015,10(3):595-601.

[41] DAR R A,NAIKOO G A,KALAMBATE P K,et al. Enhancement of the energy storage properties of supercapacitors using graphene nanosheets dispersed with macro-structured porous copper oxide[J]. Electrochimica Acta,2015,163:196-203.

[42] MOOSAVIFARD S E,EL-KADY M F,RAHMANIFAR M S,et al. Designing 3D highly ordered nanoporous CuO electrodes for high-performance asymmetric supercapacitors[J]. ACS Applied Materials & Interfaces,2015,7(8):4851-4860.

[43] MA T Y, DAI S, JARONIEC M, et al. Metal-organic framework derived hybrid Co_3O_4-

carbon porous nanowire arrays as reversible oxygen evolution electrodes[J]. Journal of American Chemical Society,2014,136(39):13925-13931.

[44] SAHA D,LI Y C,BI Z H,et al. Studies on supercapacitor electrode material from activated lignin-derived mesoporous carbon[J]. Langmuir,2014,30(3):900-910.

[45] KUANG M,LI T T,CHEN H,et al. Hierarchical $Cu_2O/CuO/Co_3O_4$ core-shell nanowires: synthesis and electrochemical properties[J]. Nanotechnology,2015,26(30):304002.

[46] PURUSHOTHAMAN K K,SARAVANAKUMAR B,BABU I M,et al. Nanostructured CuO/reduced graphene oxide composite for hybrid supercapacitors[J]. RSC Advances, 2014,4(45):23485-23491.

[47] NAN H H,MA W Q,HU Q Q,et al. Copper oxide nanofilm on 3D copper foam as a novel electrode material for supercapacitors[J]. Applied Physics A,2015,119(4):1451-1457.

第6章 金属有机框架材料衍生氮掺杂多孔碳材料应用于超级电容器

6.1 引 言

金属有机框架化合物(MOF),是由多齿有机配体与金属离子通过自组装过程形成的具有周期性网络结构的一类新材料,由于其功能的多样性以及可控的孔道结构而引起了研究工作者的广泛关注[1]。此外,MOF 还具有较大的比表面积、多孔结构以及大量的含碳有机配体等特点,因而已被广泛地当作模板或者前驱体以制备多孔纳米碳材料[2]。自从 Liu 等人[3]利用 MOF-5 框架为模板成功地制备了多孔碳材料,人们逐渐开始利用其他 MOF 模板制备了多种多孔碳材料。但是,很少有研究者采用直接煅烧含有如硫、硼、氮等异质原子有机配体的 MOF 的方法来制备异质原子掺杂的多孔碳材料。ZIF-8 是过渡金属锌离子和含氮量为 34% 的 2-甲基咪唑配位形成的类似于沸石拓扑结构的三维框架结构。因此,通过煅烧前驱体 ZIF-8,可以制备高含量氮掺杂的多孔碳材料[4]。所得到的碳材料不仅能够保持前驱体 ZIF-8 的形貌特征,并且含有丰富的氮原子,这些氮原子一方面可以提供大量的活性位点,另一方面可以有效改善碳材料的表面浸润性,从而使氮掺杂的碳材料表现出优异的电化学性能[5]。

虽然,人们以各种各样的 MOF 为前驱体,在不同的热解条件下制备了大量的具有不同比表面积和孔径分布的碳材料,但是这些研究基本还是延续了最初的思路,即以单一 MOF 为模板制备碳材料。发展至今,由这些方法合成的碳材料在性能上已经很难再有提高,归根结底是因为纯 MOF 模板结构单一,缺少针对性,尤其是在合成超级电容器电极材料的领域,单纯的多孔和大比表面积已经不能满足高性能超级电容器对电极材料的需求。最简单有效的方法是,设计新型的具有针对性的模板,使复合材料在结构组成上得到有效改善。针对超级电容器电极材料对导电性的要求,可以将 MOF 与碳纳米管(CNTs)结合,以 MOF/CNTs 作为模板,在热解条件下得到多孔碳复合 CNTs 材料。CNTs 的加入,使复合材料中的离子和电子的传输方式由点到点传输变为线到线传输,从内部结构上提高了材料的导电性。不仅如此,CNTs 本身就具有优秀的导电性能,其一维管状结构还能提供额外的离子和电子的传输通道,可以有效改善复合材料的电化学性能。因此,以 MOF/

CNTs 为模板制备碳材料,在超级电容器领域有很大的发展潜力。

本章制备了 ZIF-8/CNT 复合物,并以它为模板制备了氮掺杂碳与 CNTs 的复合物(N-C/CNTs),该碳材料同时继承了 ZIF-8 和 CNTs 的优点,具有独特的化学结构,表现为大的比表面积和特殊的导电网络结构。它与单纯以 ZIF-8 为模板合成的碳材料相比,比容量更大,循环稳定性更好,在超级电容器方面展现了优越的性能。

6.2 实 验 部 分

6.2.1 样品的制备

1. 实验材料

实验中所使用的各类化学试剂及耗材如表 6-1 所示。

表 6-1 实验材料与化学试剂

试剂和耗材	规格或型号	生产厂家
去离了水	—	东南大学
无水乙醇	分析纯	国药集团化学试剂有限公司
甲醇	分析纯	国药集团化学试剂有限公司
N-甲基吡咯烷酮	分析纯	国药集团化学试剂有限公司
$Zn(NO_3)_2 \cdot 6H_2O$	分析纯	国药集团化学试剂有限公司
无水硫酸钠	分析纯	国药集团化学试剂有限公司
2-甲基咪唑	分析纯	阿拉丁试剂(上海)有限公司
碳纳米管	99%	江苏先丰纳米材料科技有限公司
聚偏二氟乙烯	阿科玛 HSV900	山西力之源电池材料有限公司
导电炭黑	—	山西力之源电池材料有限公司
碳纸	0.19 mm 厚	上海叩实电气有限公司
镍极耳	3 mm	科晶集团
Ag/AgCl 电极	CHI660E	上海辰华仪器有限公司

2. 实验设备

实验中使用的仪器设备与第 2 章中所描述的设备相同,不再赘述。

3. ZIF-8/CNTs 的制备

在制备目标产物之前,先对 CNTs 进行羧基化处理,具体处理过程与 2.2.1 节中所述方法一致。ZIF-8/CNTs 是根据文献[6]报道过的方法制备的,我们对此稍微做了些改进。首先,将 120.0 mg CNTs 和 0.6568 g 2-甲基咪唑加入 30 mL 甲醇中,超声分散溶解 1 h。随后,在搅拌状态下,将 30 mL 溶有 0.2971 g Zn(NO$_3$)$_2$·6H$_2$O 的甲醇溶液迅速滴加到上述混合溶液中。继续搅拌 30 min,然后将混合溶液转移至 100 mL 聚四氟乙烯内衬的水热反应釜中,于 90 ℃条件下保持 12 h。自然冷却至室温,离心得到固体产物,用甲醇清洗 3 次,置于真空干燥箱内,于 60 ℃条件下干燥 12 h,就得到 ZIF-8/CNTs 复合物。

4. N-C/CNTs 复合物的制备

将以上制备的 ZIF-8/CNTs 复合物放入瓷舟,置于管式炉中,在常温下通入氮气 2 h,排除空气,然后以 10 ℃/min 的速率升温至 1000 ℃,保持氮气流通,并于此温度下保持 2 h。随后,自然冷却,待降至室温便得到目标产物。另外,将 ZIF-8 以同样条件处理,作为参照物。

5. 电极的制作

本章以制备的电极材料为活性物质,采用 2.2.1 节中所述方法制备了一系列电极。

6.2.2　样品的表征

本章实验中,通过 XRD 谱图、拉曼光谱、SEM、TEM、BET 和 XPS 能谱等手段对制备的样品进行了微观形貌和结构表征,实验使用的仪器与 2.2.2 节中所述相同。

6.2.3　电化学测试

本实验以 1 mol/L Na$_2$SO$_4$ 溶液为电解质,Ag/AgCl 为参比电极,铂丝电极为对电极,目标材料电极为工作电极,在三电极体系下,用上海辰华 CHI660E 型电化学工作站测定了制备样品的循环伏安曲线(CV 曲线)、恒电流充放电曲线(GCD 曲线)和交流阻抗谱(EIS),实验方法与 2.2.3 节中所述相同。

6.3　结果与讨论

首先,我们采用简单的水热法,通过 2-甲基咪唑与 Zn 离子在 CNTs 上的原位反应,制备了 ZIF-8/CNTs 复合材料。

ZIF-8/CNTs 模板制备 N-C/CNTs 复合物的过程如图 6-1 所示。首先,将模板在 1000 ℃高温条件下煅烧,在这个过程中,有机配体 2-甲基咪唑被热解成含氮的碳材料,模板中的 Zn 源被碳材料还原成 Zn 单质,由于单质态锌的沸点仅为 907 ℃,因此在 1000 ℃ 条件下单质锌很快升华而被氮气流带走[7]。经高温热处理的样品,还要用 HCl 溶液进行浸泡清洗,以保证残留的金属氧化物及其他杂质被彻底除掉。经过以上处理过程,我们就得到了具有多孔特性的 CNTs 负载氮掺杂碳材料 N-C/CNTs,它们通过一维的碳管作用相互连接成三维的导电网络结构,最终形成 N-C/CNTs 复合物。

扫码查看
第 6 章彩图

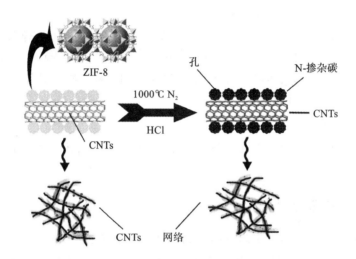

图 6-1　ZIF-8/CNTs 模板制备 N-C/CNTs 复合物过程示意图(有彩图)

图 6-2 展示了 N-C/CNTs 复合物的 XRD 谱图,图中有两个主要的衍射峰,位于 2θ 为 25.8 °的衍射峰归属于 CNTs 的(002)晶面,也有可能掩盖了样品中石墨碳的衍射峰;而 2θ 为 43°的衍射峰,则归属于 CNTs 的(100)晶面。除此之外,并未见到 Zn 或者 ZnO 的衍射峰,这说明样品是由较为纯净的碳材料组成的。

为了进一步检验样品中是否含有杂质,我们对复合材料做了 EDS 元素分析测试。如图 6-3 所示,样品中含有大量的 C、少量的 N 和 O,没有见到属于 Zn 的元素峰,这充分证明了,样品中的含 Zn 组分已经被清洗完全,样品十分纯净。另外,较低的 N 元素峰表明,碳材料中掺杂有来自有机配体 2-甲基咪唑的 N,但是其含量不高。

图 6-4 展示了 N-C/CNTs 复合物的扫描电镜图像,可以看出,大部分碳材料附着在 CNTs 表面,样品团聚较为严重。这是因为,煅烧以后,CNTs 占据复合材料的大部分,它们之间相互交叉缠绕,致使复合物以网状形貌出现。CNTs 表面整体比较粗糙,已经看不到大块 ZIF-8 的存在。

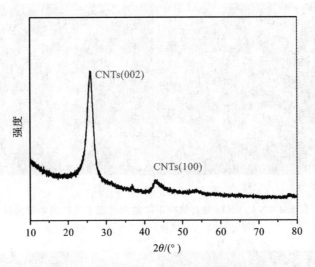

图 6-2　N-C/CNTs 复合物的 X 射线衍射谱

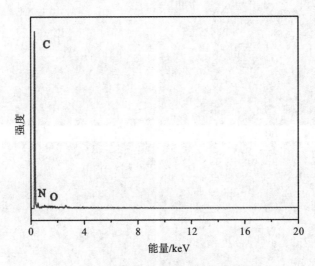

图 6-3　N-C/CNTs 复合物的元素分析能谱

　　为了进一步研究复合材料的微观结构,我们对复合材料做了透射电镜表征,如图 6-5 所示。

　　如图 6-5(a)所示,样品整体比较平滑,由于前驱体的煅烧温度比较高,导致块体 ZIF-8 消耗严重,产生了大量的薄层碳材料,它们仅仅包裹在 CNTs 周围。CNTs 之间相互交叉缠绕,连接紧密。图中圆形区域被放大以后,如图 6-5(b)所示,CNTs 和碳材料轮廓清晰可见,CNTs 的管状结构保持完好,其表面覆盖的碳材料呈薄片状。

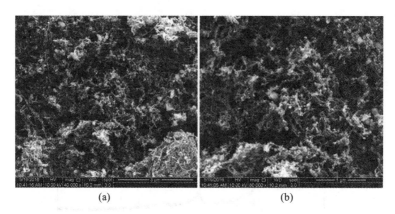

图 6-4　N-C/CNTs 复合物在不同放大尺度下的扫描电镜图像

(a)放大 40000 倍的图像；(b)放大 80000 倍的图像

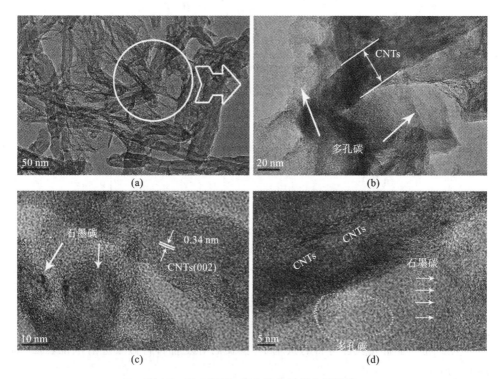

图 6-5　N-C/CNTs 复合物的透射电镜图像

(a)、(b)普通透射电镜图像；(c)、(d)高分辨透射电镜图像

此外,碳材料是不连续的,向外延展的,这是由于在 ZIF-8/CNTs 模板中,ZIF-8 在 CNTs 表面是不连续分布的,而且在煅烧过程中 ZIF-8 会发生高温石墨化。图 6-5(c) 为复合材料的高分辨透射电镜图像,由图可知,属于 CNTs 的晶格条纹非常明显,

晶格间距为 0.34 nm,归属于 CNTs 的(002)晶面。由图 6-5(d)可以观察到,在碳材料的边缘保留有大量的孔洞结构,既有微孔又有小孔,它们一方面归功于 ZIF-8 的多孔结构,另一方面归功于 Zn 单质在高温条件下升华所留下的破坏孔。图 6-5(c)和图 6-5(d)中都存在大量的涡流纹状碳材料,据报道,这种碳可能是类石墨烯碳,它们是由无定形碳在高温条件下石墨化而产生的。以上研究表明,CNTs 载体在模板经过高温处理和酸处理以后,基本保持了其原本结构与轮廓,ZIF-8 产生的大量碳材料依然紧密附着在 CNTs 载体表面。这些碳材料以及相互搭接的 CNTs 共同构成了复合材料的导电网络结构,这种独特的结构将有效改善电极材料的电化学性能。

图 6-6 为 N-C/CNTs 复合物的 X 射线光电子能谱,由图 6-6(a)可知,复合材料中含有 C、N 和 O 三种元素,计算各元素峰的积分面积可得到各自含量,其中,C 的质量分数为 92.20%,N 的质量分数为 2.71%,O 的质量分数为 4.65%,没有发现 Zn 元素。这与前面的 EDS 表征相吻合,说明复合物以碳材料为主。为了研究复合材料内部的 N 原子状态,我们将 ZIF-8/CNTs 模板以同样条件在 650 ℃ 环境下处理,得到了其 XPS 能谱信息,其 N 1s 结合能谱如图 6-6(b)所示。可以看到,N-C/CNTs 复合物的 N 1s 结合能谱比 ZIF-8/CNTs 材料多了一个能量峰,说明在两种煅烧温度下得到的产物具有不同的 N 原子结构组成。将两种复合材料的 N 1s 结合能谱分别进行分峰拟合,得到图 6-6(c)和图 6-6(d)。如图 6-6(c)所示,在 650 ℃ 下处理时,复合材料的 N 1s 结合能谱可以被拟合出两个主要峰,一个位于 398.8 eV,归属于吡啶类 N 结构,另外一个位于 400.8 eV,归属于吡咯类 N 结构。而在 1000 ℃ 下处理的复合材料,其 N 1s 峰可以被拟合成四个峰,除了与之前材料相同的两个峰外,还多出了位于 402 eV 和 404 eV 的峰,它们分别归属于石墨 N 和氧化态 N[8]。

由此可以推断,最初在模板材料中,N 原子在 2-甲基咪唑配体中以五元环咪唑 N 的形式存在,经过煅烧以后,有机配体被碳化,产生大量的五元碳环和六元碳环,N 原子被重新组合,以吡啶 N 和吡咯 N 的结构形式存在。在更高煅烧温度下,部分碳材料被石墨化,一部分 N 又参与到这个过程中,形成了石墨 N 的结构,另外一部分碳材料随着温度的提高逐渐被氧化流失,同时产生了一小部分氧化态 N。以上过程说明,N 原子已经被完全掺杂进碳材料的结构中,而不是简单的复合,这种结构上的融入将有效改善碳材料的表面能,使其具有良好的浸润能力,保证了电解质溶液的快速扩散,进而提高电极材料的电化学性能。

图 6-7 展示了 N-C/CNTs 复合物的比表面积测试与孔径分布状态,由图 6-7(a)计算可知,复合材料的 Langmuir 比表面积为 600 $m^2 \cdot g^{-1}$,在相对压力 p/p_0 为 0.4~0.95 范围内,可以观察到明显的滞后环,这说明了材料具有介孔特性。从孔

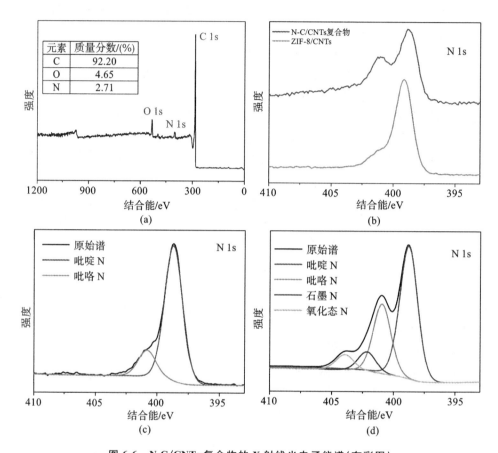

图 6-6　N-C/CNTs 复合物的 X 射线光电子能谱(有彩图)

(a)宽幅扫描谱;(b)样品的 N 1s 高分辨精细谱的对比图;

(c)650 ℃条件下煅烧 ZIF-8/CNTs 得到的产物的 N 1s 高分辨精细谱及其拟合峰;

(d)N-C/CNTs 的 N 1s 高分辨精细谱及其拟合峰

径分布上看,材料的孔径主要分布在 4 nm 左右,研究表明,在超级电容器电极反应中,孔径为 3~5 nm 的介孔由于与电解质离子直径相当且能提供丰富的活性位点,因此最有利于双电层电容的形成。综合以上表征与分析,可以认为,我们已经成功制备了 N-C/CNTs 复合材料,并且该材料具有良好的结构特点。

为了研究复合材料的电化学性能,我们将复合材料制备成工作电极,以 1 mol/L Na_2SO_4 溶液为电解质,铂丝电极为对电极,Ag/AgCl 电极为参比电极,组装了三电极测试系统。图 6-8 展示了 N-C/CNTs 复合材料的 CV 曲线,由图可以看到,CV 曲线显示了规则的类矩形形状,这说明电极材料具有双电层电容特性,这种特征与碳材料的电化学特征完全相符。

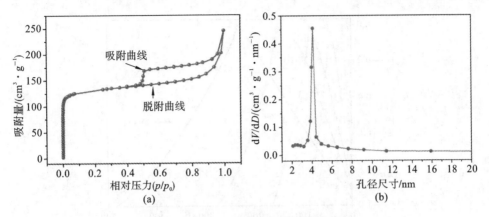

图 6-7　N-C/CNTs 复合物的孔径结构表征

(a)氮气吸附/脱附等温线;(b)孔径分布图

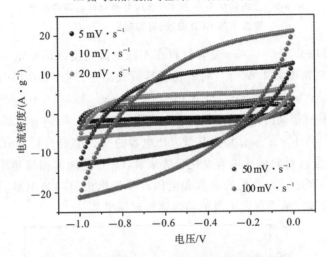

图 6-8　三电极体系中,N-C/CNTs 复合材料在不同
扫描速率下的 CV 曲线(有彩图)

图 6-9 展示了复合材料在不同电流密度下的 GCD 曲线,从 1 A・g⁻¹ 到 20 A・g⁻¹,曲线均展现了良好的对称性,说明电极材料具有优秀的库仑效率。该复合材料的电容主要来自碳材料的双电层电容,所以 GCD 曲线呈现了良好的三角形状。

电容值对电极材料来说十分重要,是衡量超级电容器材料的关键指标。我们根据 GCD 曲线计算了复合材料的比电容,公式为

$$C_{sp} = \frac{I \cdot \Delta t}{m \cdot \Delta V} \tag{6-1}$$

式中,C_{sp} 为比电容,单位为 F・g⁻¹;I 代表充放电电流,单位为 A;Δt 代表放电时间,单位为 s;m 是电极材料的总质量,单位是 g;ΔV 代表窗口电压,单位是 V。

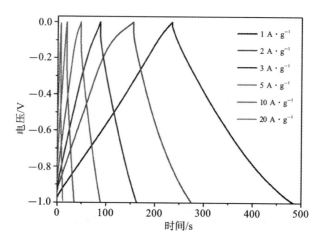

图 6-9 三电极体系中，N-C/CNTs 复合材料在不同电流
密度下的 GCD 曲线（有彩图）

图 6-10 展现了 N-C/CNTs 复合材料在不同电流密度下的比电容，N-C/CNTs 复合材料在电流密度为 $1\ A\cdot g^{-1}$ 时展现了其最大比电容，为 $250\ F\cdot g^{-1}$。当电流密度增加到 $2\ A\cdot g^{-1}$、$3\ A\cdot g^{-1}$、$5\ A\cdot g^{-1}$、$10\ A\cdot g^{-1}$ 和 $20\ A\cdot g^{-1}$ 时，N-C/CNTs 复合材料仍然具有很高的比电容，分别为 $239\ F\cdot g^{-1}$、$227.7\ F\cdot g^{-1}$、$204.5\ F\cdot g^{-1}$、$166\ F\cdot g^{-1}$ 和 $102\ F\cdot g^{-1}$，分别为其最大比电容的 95.6%、91.1%、81.8%、66.4% 和 40.8%。从复合材料的比电容变化趋势来看，C_{sp} 总是随着扫描速率和电流密度的降低而增大，这是因为较低的电流和电压环境使电极材料与电解质之间能够顺利地进行离子扩散，从而保证电极能够快速地存储电荷。

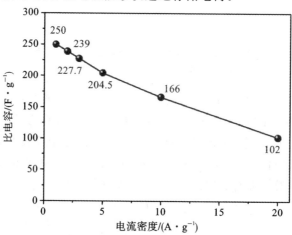

图 6-10 N-C/CNTs 复合材料在不同电流密度下的比电容

本文制备的 N-C/CNTs 复合材料在 1 A·g^{-1} 电流密度下获得的最大比电容为 250 F·g^{-1},超过了大部分 ZIF-8 衍生碳材料。表 6-2 总结了一些以 ZIF-8 为模板制备的碳材料的比电容,本章所制备的复合材料的比电容远远超过了 hCNTs/PCP、C-ZIF-8、AS-ZC-800 以及 Z-900 等,与 NPC/G 和 C-GZ-2 相当,仅次于 Carbon-ZS 和 NC-GC。

表 6-2　以 ZIF-8 为模板制备的碳材料的比电容

碳材料	比电容/(F·g^{-1})	电流密度或扫描速率条件	参考文献(年份)
氮掺杂碳/CNTs	250.0	1 A·g^{-1}	本研究工作
hCNTs/PCP	104.2	5 mV·s^{-1}	[9](2016)
NPC/G	235.0	1 A·g^{-1}	[10](2016)
Carbon-ZS	285.8	0.1 A·g^{-1}	[11](2015)
PCPs	245.0	1 A·g^{-1}	[12](2015)
NC@GC	270.0	1 A·g^{-1}	[8](2015)
C-ZIF-8	181.0	5 mV·s^{-1}	[13](2014)
C-GZ-2	238.0	1 A·g^{-1}	[14](2014)
AS-ZC-800	211.0	10 mV·s^{-1}	[15](2014)
Z-900	214.0	5 mV·s^{-1}	[16](2012)

为了探究复合材料的电容性能,我们对复合材料做了交流阻抗测试,图 6-11 所示为复合材料的 Nyquist 曲线。低场区的直线,代表韦伯阻抗 R_w,也就是电解质溶液中的扩散电阻,直线越陡,则阻抗越小;高场区的半圆,代表电极的电荷转移阻抗 R_{ct},这包含电极内部的电子转移阻抗以及电极材料与电解质溶液界面的离子转移阻抗,半圆的半径越小,阻抗越小;Nyquist 曲线与实轴的截距,代表等效串联电阻 R_s,这包含整个电极的内在固有电阻,如碳材料和 CNTs 的固有电阻以及它们之间的接触电阻[17]。

此外,我们利用阻抗拟合软件对电路的阻抗进行了分析,根据拟合结果画出了等效电路图。由于实际电路中,频率具有很强的分散性,因此我们引入了固定相元件(CPE),这样可以更准确地描述电路中的阻抗问题。如前所述,整个电路中主要有三种阻抗,它们的分布方式如图 6-11 的插图所示,根据拟合结果,电路中的 R_s、R_{ct} 和 R_w 的阻值都很低,分别只有 1.33 Ω、1.60 Ω 和 1.96 Ω。这充分证明电极材料具有良好的导电性能,无论是电极材料的内部电阻,还是电极材料与电解质的接触电阻和扩散电阻,都表现了很低的值,这可能与电极材料的特殊结构有关。

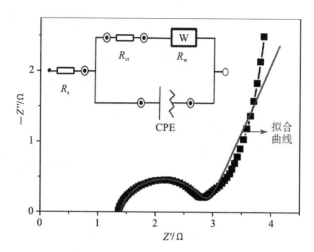

图 6-11   N-C/CNTs 复合材料的交流阻抗图谱

插图为等效电路图

此外,我们对电极材料的循环稳定性做了测试,图 6-12 所示为复合材料在 10 A·g⁻¹电流密度下的 3000 次循环充放电结果。

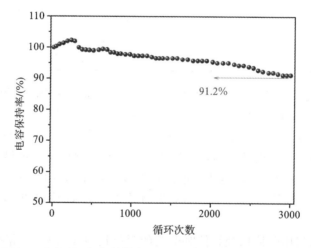

图 6-12   N-C/CNTs 复合材料在 10 A·g⁻¹电流密度下的循环稳定性

由图 6-12 可知,复合材料具有良好的循环稳定性,经过 3000 次循环充放电以后,电容量可以保持其初始电容量的 91.2%。

综合以上电化学性能分析,我们认为,N-C/CNTs 复合材料的优越的电化学性能可以归因于其特殊的内部结构,如图 6-13 所示。

由图 6-13 可知,在复合材料内部,由 ZIF-8 衍生的碳材料包覆在 CNTs 周围,这种结构为电荷和离子的传输提供了有利条件。第一,电荷和离子可以从 CNTs

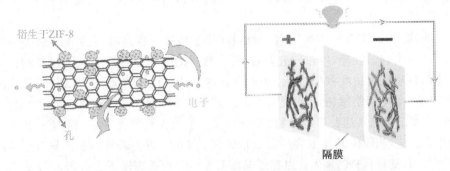

图 6-13　N-C/CNTs 复合材料的超级电容储能机制示意图(有彩图)

的内壁传输,这是一种正常的传输路径;第二,电荷和离子可以从 CNTs 内部穿过传输到 CNTs 的表面及表面负载物,在本结构中,表面负载物为多孔的氮掺杂碳材料,从 CNTs 内部穿过的电荷及离子接触到表面的碳材料,通过碳材料的多孔通道传输到碳材料内部,这种传输是比较特殊的穿插式传输方式,比正常的传输通道更加有效;第三,表面负载的碳材料也会与电解质溶液接触,由此,离子可以快速地扩散到其多孔结构中,随后离子沿着碳材料与 CNTs 的接触界面转移至 CNTs 表面,同时能从 CNTs 表面穿过管壁,沿 CNTs 内壁完成传输。这几种传输方式相互结合,不局限于某一种通道,这种特殊的多通道传输体系把单个的 CNTs 组合成了一个无死角电荷传输通路,有利于快速存储电荷。更重要的是,把这些单个 CNTs 叠加在一起组装成超级电容器电极材料时,通过一维管状结构的相互搭连,交叉缠绕,进一步在电极中形成三维的 CNTs 导电网络结构。这种特殊的导电网络,能够把每个 CNTs 单位连接起来构成有效通路,共同完成电极体系里的电荷传递。这种独特的结构,满足了电极材料对内部导电性的需求,同时有利于电极材料进行快速高效的电极反应。正是这种特殊的结构,才使我们制备的 N-C/CNTs 复合材料展现了比同类 MOF 衍生材料更加优越的电化学性能。

6.4　本章小结

　　首先,本章采用水热法制备了 ZIF-8@CNTs 模板材料,成功地将 ZIF-8 负载到 CNTs 的表面上。随后,利用该复合材料作为前驱体,通过在氮气中煅烧然后骤冷的方法,成功制备了分散性良好的 N-C/CNTs 复合材料。

　　其次,我们对 N-C/CNTs 复合材料进行了结构表征与鉴定,通过 XRD 谱图、EDS 谱图及 XPS 谱图分析讨论,判定 N-C/CNTs 复合材料制备成功。随后,通过 SEM 和 TEM 观察了其形貌与结构,并通过 BET 测试确定了材料的比表面积和孔径分布,我们认为 ZIF-8@CNTs 模板的优越结构特点被有效地延续到了 N-C/CNTs 复合材料中。

再次,我们将 N-C/CNTs 复合材料应用于超级电容器,并在三电极体系下测试了其超级电容器性能,经过研究发现,复合材料的电化学性能与同类材料相比具有突出的优越性。由此我们推断,复合材料内部特殊的多通道结构以及所形成的三维 CNTs 导电网络结构,能够把每个 CNTs 单位连接起来构成有效通路,共同完成电极体系里的电荷传递。这种独特的结构,保证了电极材料能够在内部进行快速高效的电极反应,从而使其比电容与报道过的同类 MOF 衍生碳材料相比具有明显的优势。其中,复合材料的最大比电容可以在 $1 \ A \cdot g^{-1}$ 电流密度下达到 $250 \ F \cdot g^{-1}$。

最后,我们对 N-C/CNTs 复合材料的循环稳定性进行了测试,研究表明,在 $10 \ A \cdot g^{-1}$ 电流密度下,电极材料经过 3000 次循环充放电之后,比电容依然能够保持其初始比电容的 91.2%。此外,我们对电极材料的电化学阻抗性能进行了分析。我们认为,这种复合材料在超级电容器领域具有极大的发展潜力。

综上所述,本章的研究为后续的以 MOF 材料为模板制备碳材料的研究,积累了经验,开拓了思路。传统 MOF 模板法制备的碳材料,结构单一,性能较低,在材料结构上缺乏针对性。我们从超级电容器对电极材料优良导电性的需求出发,将 MOF 材料负载到具有良好导电性的 CNTs 上,制备了新颖的 MOF@CNTs 模板。以此前驱体制备的 N-C/CNTs 复合材料传承了 CNTs 材料的高导电性优点,延续了 MOF 材料的多孔特性,从结构上形成了独特的多通路传输导电网络。这些优越的结构特征共同为复合材料的超级电容器性能带来了巨大提升。因此,这种以 MOF@CNTs 模板衍生 C/CNTs 复合物的设计思路,在超级电容器领域拥有巨大的发展潜力。我们认为,未来这方面的研究可以拓展至两方面:一是,发展其他含有异质原子(如硫、硼、磷等)的 MOF 模板,与 CNTs 载体复合充当前驱体,并以此前驱体衍生硫掺杂、硼掺杂、磷掺杂碳/CNTs 复合材料;二是,利用石墨烯和碳纤维等同样具有良好导电性和微观结构的碳材料,取代 CNTs 作为载体,与 MOF 进行复合充当前驱体,并以此前驱体衍生各种碳材料的复合物。总而言之,金属有机框架材料衍生碳材料,作为一种十分重要的碳材料制备方式,在超级电容器领域有着举足轻重的地位,这种结构优秀的碳材料是未来电极材料发展的必然趋势。我们相信,MOF 衍生碳材料的发展,将会促进超级电容器技术的革新与进步。

本章参考文献

[1] KIM I S, BORYCZ J, PLATERO-PRATS A E, et al. Targeted single-site MOF node modification:trivalent metal loading via atomic layer deposition[J]. Chemistry of Materials,2015,27(13):4772-4778.

［2］TONG M M,LIU D H,YANG Q Y,et al. Influence of framework metal ions on the dye capture behavior of MIL-100(Fe,Cr)MOF type solids[J]. Journal of Materials Chemistry A, 2013,1(30):8534-8537.

［3］LIU B,SHIOYAMA H,AKITA T,et al. Metal-organic framework as a template for porous carbon synthesis[J]. Journal of American Chemical Society,2008,130(16):5390-5391.

［4］ZHONG H,WANG J,ZHANG Y W,et al. ZIF-8 derived graphene-based nitrogen-doped porous carbon sheets as highly efficient and durable oxygen reduction electrocatalysts[J]. Angewandte Chemie,2014,53(51):14235-14239.

［5］BANERJEE R,FURUKAWA H,BRITT D,et al. Control of pore size and functionality in isoreticular zeolitic imidazolate frameworks and their carbon dioxide selective capture properties[J]. Journal of American Chemical Society,2009,131(11):3875-3877.

［6］YANG Y,GE L,RUDOLPH V,et al. *In situ* synthesis of zeolitic imidazolate frameworks/ carbon nanotube composites with enhanced CO_2 adsorption[J]. Dalton Transactions,2014,43 (19):7028-7036.

［7］WANG T,SHI L,TANG J,et al. A Co_3O_4-embedded porous ZnO rhombic dodecahedron prepared using zeolitic imidazolate frameworks as precursors for CO_2 photoreduction[J]. Nanoscale,2016,8(12):6712-6720.

［8］TANG J,SALUNKHE R R,LIU J,et al. Thermal conversion of core-shell metal-organic frameworks:a new method for selectively functionalized nanoporous hybrid carbon[J]. Journal of American Chemical Society,2015,137(4):1572-1580.

［9］XU X T,WANG M,LIU Y,et al. Metal-organic framework-engaged formation of a hierarchical hybrid with carbon nanotube inserted porous carbon polyhedra for highly efficient capacitive deionization[J]. Journal of Materials Chemistry A,2016,4(15):5467-5473.

［10］ZHU Y,TAO Y S. Constructing nitrogen-doped nanoporous carbon/graphene networks as promising electrode materials for supercapacitive energy storage[J]. RSC Advances,2016,6 (34):28451-28457.

［11］ZHONG S,ZHAN C X,CAO D P. Zeolitic imidazolate framework-derived nitrogen-doped porous carbons as high performance supercapacitor electrode materials[J]. Carbon,2015,85: 51-59.

［12］YI H,WANG H W,JING Y T,et al. Asymmetric supercapacitors based on carbon nanotubes@ NiO ultrathin nanosheets core-shell composites and MOF-derived porous carbon polyhedrons with super-long cycle life[J]. Journal of Power Sources,2015,285:281-290.

［13］YU G L,ZOU X Q,WANG A F,et al. Generation of bimodal porosity via self-extra porogenes in nanoporous carbons for supercapacitor application[J]. Journal of Materials Chemistry A,2014,2(37):15420-15427.

［14］LI C X,HU C G,ZHAO Y,et al. Decoration of graphene network with metal-organic frameworks for enhanced electrochemical capacitive behavior[J]. Carbon,2014,78:231-242.

［15］AMALI A J,SUN J K,XU Q. From assembled metal-organic framework nanoparticles to

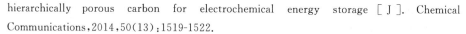

hierarchically porous carbon for electrochemical energy storage ［J］. Chemical Communications,2014,50(13):1519-1522.

[16] CHAIKITTISILP W, HU M, WANG H J, et al. Nanoporous carbons through direct carbonization of a zeolitic imidazolate framework for supercapacitor electrodes[J]. Chemical Communications,2012,48(58):7259-7261.

[17] WANG Y,SHI Z Q,HUANG Y, et al. Supercapacitor devices based on graphene materials [J]. The Journal of Physical Chemistry C,2009,113(30):13103-13107.

第7章 金属有机框架材料衍生金属硒化物应用于超级电容器

7.1 引　言

负极材料非常受欢迎,因为它们可以在一定程度上扩大潜在的电压窗口,从而提高超级电容器的能量密度[1,2]。在众多电极材料中,Fe基化合物被认为是一种极具潜力的负极材料,制备成本较低,且具有较高的理论比电容和良好的法拉第氧化还原反应活性[3,4]。然而,由于传统Fe基氧化物的电导率较低,导致其离子运输动力学缓慢,因而此类负极材料在充放电过程中的能量损失严重。例如,Yue等人[5]发现纯Fe_2O_3电极材料在充放电循环1000次后的电容保持率仅有25%。Durga等人[6]开发的FeS_2/Ni Foam电极材料,因为具有较高的等效串联电阻,在$1\ A \cdot g^{-1}$电流密度下仅能获得$434.9\ F \cdot g^{-1}$的比电容,而且经过3000次循环充放电测试以后,其电容保持率仅为76.7%。

最近的研究表明,Fe基硒化物是Fe基氧化物的一种理想替代品。与ⅥA族的O元素和S元素相比,Se元素具有更好的本征导电性、更低的电负性和更强的金属性质[7-9]。因而,与Fe基氧化物、Fe基氢氧化物和Fe基硫化物相比,Fe基硒化物具有更低的带隙,以及更高的导电性。这些物化结构上的优势意味着,Fe基硒化物电极在电化学储能系统中具有更高的电荷转移效率,这有利于实现更加优异的电极动力学性能[10-14]。此外,由于Fe—Se键的键能比Fe—O键和Fe—S键的键能更弱,因此铁硒化合物具有更低的反应活化能,使其在电化学储能过程中获得更加有利的化学转化趋势[15-17]。然而,尽管Fe基硒化物具有更为显著的物理与化学结构优势,但由单一化合物制备的电极,在电化学充放电过程中,经常会受到聚集反应、体积变化和离子扩散效应等不利因素的影响,因此如何将Fe基硒化物有效地转变为超级电容器的电极材料仍然面临巨大挑战。

相关研究表明,利用碳材料构筑封装型结构是一种保护金属基电极材料的有效方法。碳基材料不仅可以通过提供缓冲支撑空间和空隙来释放机械应力,以抑制金属基材料在充放电过程中的体积膨胀,而且可以有效防止被封装粒子的物理分离和聚集[18-20]。另外,具有介孔结构的碳基质还可以有效限制反应过程中的硒

117

化物的溶解[21-23]。此外,大量的研究已经证明,介孔结构可以增加电解质离子的可接触比表面积,从而有效增加电极材料的比容量[24-28]。综合上述分析,我们认为,设计介孔碳包覆型 Fe 基硒化物至关重要,这是将 Fe 基硒化物材料转变为高效超级电容器电极的关键路径。

迄今为止,各类文献已经报道了多种制备金属硒化物的方法,包括溶剂热法、水热法和模板辅助合成法等[7,10,16,22,29,30]。其中,模板辅助合成法具有许多优点,包括易于处理、操作方便、合成可控和模板继承性好等,该技术是构建各种具有介孔碳封装结构的金属氧化物的有效方法[31,32]。然而,此类方法在制备金属硒化物时却具有一定的难度,因为硒化反应通常需要添加额外的硒粉作为硒源,这与氧化反应过程中极易获得氧化剂的状况不同。硒粉通常是以固体粉末的形式存在的,这种固态硒粉的添加对传统的模板辅助合成法提出了重大挑战,具体原因表现在两个主要方面:

(1)硒粉难以均匀地分散于模板之中。由于硒粉难以在保持固有结构的情况下被定向修饰,因此通过传统方法中广泛使用的原位生长法进行预混合是不切实际的。此外,由于硒粉的不溶性,使用溶液浸渍、物理搅拌、超声搅拌等后混合方法亦效果不佳。例如,Ma 等人[33]通过将铁盐和硒粉在乙醇溶液中混合来设计 Fe_3Se_4/C 材料的前驱体,但利用这种前驱体制备硒化物时,难以准确地控制产物中硒的计量比例。此外,虽然机械研磨已成为制备含硒前驱体的最常见方法,但它仍然无法得到均匀混合的前驱体模板。

(2)产物中 Fe 和 Se 的化学计量比难以定向控制。例如,Liu 等人[34]将 0.20 g 含有金属源的前驱体和 0.40 g 硒粉分别放在氧化铝反应舟的两端,通过高温气流携带升华的硒源与金属前驱体发生硒化反应,从而合成了一种复杂的金属硒化物复合材料 $Fe_3Se_4/FeSe@NCNF$。尽管此类方法在一定程度上实现了均匀性,但最终获得的产物具有不可控的 Fe/Se 化学计量比。一般来说,由于传统混合方法会导致 Se 源和模板之间的离散,或者是简单松散的堆积,因此为了确保硒化反应过程中 Se 源与金属源的充分结合,通常会使用过量的 Se 源来补偿反应过程中 Se 的挥发损失,常规的做法是将 Se 源与金属前驱体模板的质量比设定为 2:1。然而,这种过量的化学计量关系,势必造成产物结构的不可控以及 Se 源的严重浪费。基于上述分析,开发一种 Se 源比例可控的、混合均匀的前驱体来制备介孔碳包覆硒化铁材料至关重要。然而遗憾的是,直到目前为止,开发此类新型制备方法仍然是一个巨大的挑战。

在这种情况下,我们提出了一种使用金属-有机凝胶(MOG)来制备介孔碳包覆硒化铁的新方法。金属-有机凝胶是在金属与配体相互作用驱动下的 MOF 纳米晶的聚集体。金属-有机凝胶兼具凝胶的均匀分散特征和 MOF 的杰出多孔特性[35,36]。如图 7-1 所示,通过改变反应物浓度可以快速控制 MIL-100-Fe 的凝胶化过程。当 MIL-100-Fe 材料在极短时间内快速凝结固化,可以确保预分散的 Se 粉在重力沉降之前就被凝胶网络原位固定,这相当于液相中的分散过程被瞬间定格,从而获得了均匀分散的 Se/MOG 复合前驱体。混合物被烘干以后,转变为含有 Se 源的金属有机干凝胶(简称 MOX),其致密的物理结构可以增强前驱体对 Se 粉的空间约束作用,有效减少 Se 组分的挥发。更为重要的是,这种致密的前驱体在热解过程中,能够将硒化反应限定在有限的空间条件下,再加上含硒 MOX 模板自身卓越的均匀性和强有力的限域性,所得到的 $Fe_xSe_y@C$ 系列复合材料将能够有效地保持与前驱体相近的 Fe/Se 化学计量比,以及传承自 MOF 模板的多孔结构。因此,该金属有机凝胶模板可以有效地解决传统制备方法中难以获得固-固均匀前驱体的棘手问题。

扫码查看
第 7 章彩图

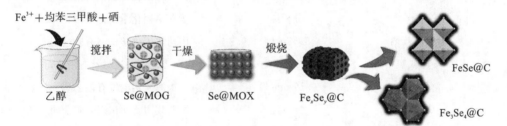

Fe^{3+}+均苯三甲酸+硒　　搅拌　　干燥　　煅烧

乙醇　　Se@MOG　　Se@MOX　　$Fe_xSe_y@C$　　FeSe@C　　$Fe_3Se_4@C$

图 7-1　基于 Se@MOG 模板制备 FeSe@C 和 Fe_3Se_4@C 复合材料流程示意图(有彩图)

在本项研究中,我们根据目标产物中 Fe/Se 化学计量比,通过改变前驱体中 Fe 和 Se 的摩尔比,成功可控地合成了 FeSe@C 和 Fe_3Se_4@C 两种介孔材料。这种新颖的制备方法优于传统的超化学计量比的相关合成方法。此外,我们对制备材料的电极动力学和电化学性能进行了深入研究。据我们所知,尚未有 FeSe 基复合材料作为超级电容器电极的相关报道,这是一个非常新颖的主题。我们的研究结果表明,由于 FeSe@C 和 Fe_3Se_4@C 复合材料具有出色的介孔碳封装结构,因此该复合材料在电极动力学、电荷/离子转移电阻和电化学稳定性等方面均得到了极大改善,最终展现出了优异的电化学性能。为了研究上述材料的实践应用性能,我们基于整体浇注方法组装了一个柔性固态超级电容器件 FeSe@C//Fe_3Se_4@C,相关的电化学测试结果表明,该器件具有高的能量密度、高的功率密度和优异的长周期循环稳定性,在电化学储能领域展现出了极大的应用前景。

7.2 实验部分

7.2.1 材料准备

本章实验中所使用的各类化学试剂及耗材如表 7-1 所示,所有化学品在使用过程中未经任何额外的处理和净化。

表 7-1　实验材料与化学试剂

试剂和耗材	规格	生产厂家
$Fe(NO_3)_3 \cdot 9H_2O$	分析纯	国药集团化学试剂有限公司
均苯三甲酸	分析纯	国药集团化学试剂有限公司
无水乙醇	分析纯	国药集团化学试剂有限公司
Se 粉	分析纯	上海泰坦科技股份有限公司
盐酸	分析纯	国药集团化学试剂有限公司
去离子水	分析纯	国药集团化学试剂有限公司
聚四氟乙烯	99％纯度	国药集团化学试剂有限公司
导电炭黑	—	山西力之源电池材料有限公司
碳纸	0.19 mm 厚	上海叩实电气有限公司
KOH	分析纯	国药集团化学试剂有限公司
铂片	99.99％	上海辰华仪器有限公司
商用活性炭	—	江苏先丰纳米材料科技有限公司
PVA(聚乙烯醇)	分析纯	天津安诺合新能源科技有限公司
泡沫镍	1.0 mm 厚	天津安诺合新能源科技有限公司

7.2.2 Se@MOG 前驱体的合成步骤

参考前人的制备方法,本文以 Se 粉、$Fe(NO_3)_3 \cdot 9H_2O$ 和均苯三甲酸(H_3BTC)为原料制备目标前驱体。首先,将 15 mg $Fe(NO_3)_3 \cdot 9H_2O$ 溶于 30 mL 乙醇,形成溶液 A,将 10 mmol H_3BTC 溶于 30 mL 乙醇,形成溶液 B;其次,将所需的 Se 粉等量分成两部分,分别添加到 A 溶液和 B 溶液中,超声分散 30 min 以形成均质的悬浊液 A 和悬浊液 B;再次,在剧烈搅拌的条件下,快速地混合悬浊液 A 和悬浊液 B,维持剧烈的搅拌直到混合物在几秒钟内迅速固化,转变为凝胶混合物;最后,将得到的凝胶混合物置于空气中老化 12 h,即得到 Se@MOG 复合前驱体。为了探索前驱体组成对产物结构的影响规律,我们将前驱体中 Fe 与 Se 的摩尔比分别设定为 1∶1.0、1∶1.1、1∶1.2、1∶1.3 和 1∶1.4。

7.2.3　Fe_xSe_y@C 系列复合材料的制备过程

通过常规的热解方法制备了一系列 Fe_xSe_y@C 复合材料。在热解步骤之前,先将 Se@MOX 复合前驱体依次在 40 ℃、50 ℃ 和 60 ℃ 条件下各干燥 8 h。接下来,将 Se@MOX 复合前驱体置于瓷舟,在 N_2 氛围中以 5 ℃/min 的升温速率加热到 600 ℃,并在 600 ℃ 下保温 2 h。冷却后,依次用 1 mol/L 盐酸和去离子水清洗上述煅烧产物,直至洗液的酸碱度呈中性,将清洗过滤的产物置于 60 ℃ 条件下真空干燥 12 h。根据前驱体中的 Fe/Se 摩尔比例(1∶1.0、1∶1.1、1∶1.2、1∶1.3 和 1∶1.4),将对应的产物样品分别命名为 Fe_xSe_y@C-1、Fe_xSe_y@C-2、Fe_xSe_y@C-3、Fe_xSe_y@C-4 和 Fe_xSe_y@C-5。通过后续实验研究发现,Fe_xSe_y@C-2 和 Fe_xSe_y@C-5 的结构实际对应于 FeSe@C 和 Fe_3Se_4@C 的结构。

7.2.4　物理化学表征方法

晶体结构使用 X 射线衍射(XRD,Bruker D8,Cu Kα)确定。使用 Gatan Tridiem 光谱仪和 EDS 能谱仪来确定样品中的化学元素类型。样品通过扫描电子显微镜(SEM,Hitachi S4800)和透射电子显微电镜(TEM,Tecnai G2 F30)进行形貌表征。利用 TG-Q500 设备进行热重分析,气氛为氮气(N_2)环境,温度为 30~800 ℃,升温速率为 10 ℃/min。ESCA Plus OMICROM 系统用于记录 X 射线光电子能谱(XPS)。Horiba Scientific XploRa 拉曼光谱仪用于记录拉曼光谱结果。Micromeritics ASAP 2020 分析仪用于测试氮气吸附/脱附等温线。

7.2.5　电化学测量过程

将 80% 的活性电极材料、10% 的 Super P 导电炭黑和 10% 的聚四氟乙烯黏合剂混合在一起,以制备工作电极,其中活性物质在电极上的负载质量为 1.0~2.0 mg;将制备好的电极在 60 ℃ 的真空条件下干燥 12 h 以上,即可用于电化学测试。

在 6 mol/L KOH 电解液中使用 CHI660E 电化学工作站进行电化学表征,电化学交流阻抗谱的测试条件:交流振幅为 10 mV,频率范围为 0.1 Hz~100 kHz。

7.2.6　柔性固态超级电容器件的制备

柔性固态超级电容器装置使用 PVA-KOH 凝胶聚合物作为电解质,工作电极材料分别为 FeSe@C 和 Fe₃Se₄@C。根据文献[37]的制备方法合成 PVA-KOH 混合物:首先,将 4.00 g PVA 加入 30 mL 去离子水中,并用搅拌器持续搅拌 2 h;然后,在 80 ℃下加热并继续搅拌,直到 PVA 固体完全溶解;与此同时,用 10 mL 去离子水溶解 2.40 g KOH 形成均匀的溶液;将 KOH 溶液逐滴加入上述热的 PVA 溶液中,剧烈搅拌 8 h;将溶液自然冷却到室温,即得到 PVA-KOH 凝胶电解质。

柔性固态超级电容器件组装过程:首先,裁剪两片插指形泡沫镍作为集流体,将 FeSe@C 和 Fe₃Se₄@C 的混合浆料均匀地涂覆在泡沫镍电极上,负载质量为 2~4 mg;然后,将准备好的电极在 60 ℃下干燥 12 h,取出后置于聚四氟乙烯凹槽模具中,并将两片电极呈插指状排放;随后,将前述已制备的 PVA-KOH 凝胶倾倒在凹槽模具中,覆盖在两片泡沫镍电极上;将聚四氟乙烯模具置于空气中,待聚合物凝胶电解质自然干燥,即可得到整体浇注式柔性固态超级电容器件。

7.3　结果与讨论

7.3.1　前驱体的结构表征

前驱体的制备流程如图 7-1 所示,在乙醇溶剂中加入铁盐、BTC 配体和硒粉,以制备 Se@MOG 前驱体。凝胶混合物的固化速度至关重要,它决定了硒粉团簇能否在重力沉降前被原位固定在金属有机凝胶的框架内。我们通过调节反应物浓度,将 MOF 凝胶的固化过程控制在几秒钟范围内,并通过剧烈搅拌来减少硒粉在此过程中的重力沉降,这种方法是一种快速的、易于使用的合成方法。

不含 Se 粉的金属有机凝胶图像如图 7-2(a)所示,其表面光滑无痕。如图 7-2(b)所示,在加入 Se 粉以后,湿凝胶表面依然较为整洁,没有观察到明显的 Se 粉聚集现象。如图 7-2(c)所示,湿凝胶干燥以后,其表面依然是平滑、均质的,充分说明金属有机凝胶对 Se 团簇具有足够的控制能力,这也间接保证了前驱体中 Se 粉的良好分散性。如图 7-2(d)所示,含 Se 前驱体的晶体结构通过 XRD 技术得到了确定。纯 MOX(不含 Se 粉)在 10.6°、18.9°和 27.5°附近出现的特征峰与 MIL-100-Fe (CCDC 编号 640536)[38]的标准模拟谱图一致,表明了 MOF 结构的存在。另外,观察 Se@MOX 的 XRD 图谱,在 23.5°、29.7°、41.3°、43.6°和 45.3°附近出现的尖锐特

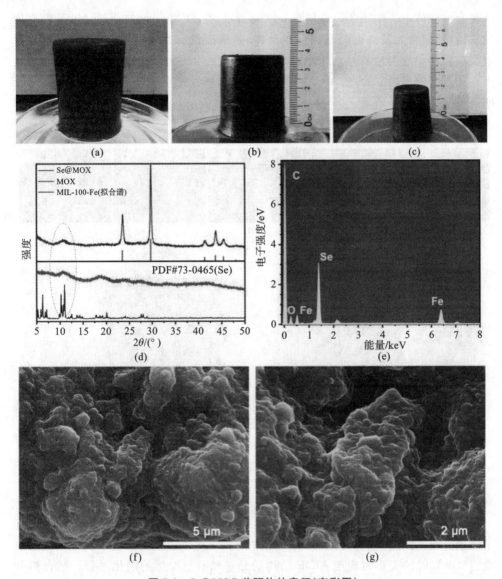

图 7-2　Se@MOG 前驱体的表征（有彩图）

（a）不含 Se 粉的 MOG 的拍摄照片；（b）Se@MOG 的拍摄照片；（c）干燥后的 Se@MOX 的拍摄照片；

（d）不含 Se 的 MOX、Se@MOX 及模拟自 MIL-100-Fe 的 X 射线衍射谱比较；

（e）Se@MOX 的 EDS 分析；（f）、（g）Se@MOX 在不同放大倍数下的 SEM 图像

征峰分别归属于 Se（PDF 卡片编号 73-0465）[39] 的（100）、（101）、（110）、（012）和（111）晶面，证明了前驱体中含有 Se 粉。需要注意的是，Se@MOX 前驱体中 MOF 的结晶度较弱，这是由于该结构中的 MOF 是以纳米颗粒的形式存在的。此外，如图 7-2（e）所示，EDS 谱图中也发现了硒元素的存在，这进一步证明硒元素被成功引

入复合前驱体中。如图 7-2(f)和图 7-2(g)所示,在 SEM 图像中,Se@MOX 前驱体轮廓清晰,包含大量致密的海绵颗粒结构,其表面没有观察到明显的混合界面,这表明前驱体的均匀性较好。此外,Se@MOX 前驱体的元素分布扫描图也印证了这一点。如图 7-3(a)所示,Se@MOX 中 Fe 元素和 Se 元素呈现均匀的分布特征,这表明凝胶基体可以有效防止 Se 团簇的团聚。如图 7-3(b)和图 7-3(c)所示,在 TEM 照片中,前驱体的均匀分散性得到了进一步证实。

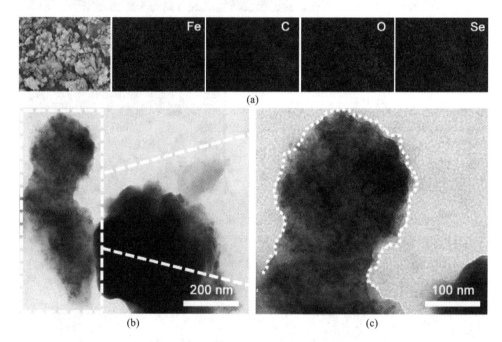

图 7-3 Se@MOX 前驱体的结构分析(有彩图)
(a)元素分布映射图,包括 Fe、C、O、Se 元素;(b)、(c)Se@MOX 在不同放大倍数下的 TEM 图像

为了探索 Se@MOX 前驱体的热解性质,我们利用热重分析技术对该样品进行了热重分析。如图 7-4(a)所示,混合样品在 350 ℃ 和 470 ℃ 时出现了快速失重的现象。350 ℃ 时的失重对应于 MOF 结构的分解和有机配体的碳化过程。结合热分析结果[图 7-4(b)],470 ℃ 时产生了一对典型的吸热峰,对应于碳质部分的消耗过程,这是铁还原反应和二次硒化反应综合作用的结果。此外可以观察到,固态 Se 粉直到 227.3 ℃ 才发生熔化,这个温度高于其理论熔点 221.0 ℃,从侧面表明致密的干凝胶对 Se 粉产生了一定的空间限制作用,导致其熔点略微增高。综合上述分析,我们认为,这种制备工艺简单、化学均匀性良好、凝胶结构致密的 Se@MOG 前驱体,在制备碳材料/铁硒基化合物复合材料方面具有广阔的应用前景。

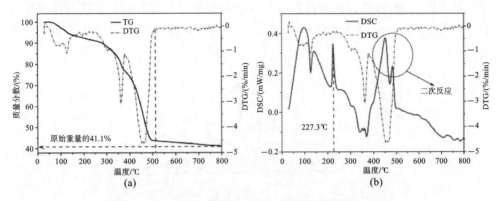

图 7-4　Se@MOX 的热重分析和差热分析曲线(有彩图)

7.3.2　Fe_xSe_y@C 系列复合材料的结构表征

热重分析(TG)曲线表明,当煅烧温度超过 500 ℃时,样品的重量开始接近恒定,最终占到原始重量的 41.1%,如图 7-4(a)所示,因此我们选择 600 ℃作为退火温度,制备得到了 Fe_xSe_y@C 系列复合材料。

煅烧 Se@MOX 模板得到的五种样品,根据前驱体中 Fe 与 Se 的摩尔比,分别被命名为 Fe_xSe_y@C-1、Fe_xSe_y@C-2、Fe_xSe_y@C-3、Fe_xSe_y@C-4 和 Fe_xSe_y@C-5,其 XRD 测试结果如图 7-5(a)所示。

Fe_xSe_y@C-1 样品在 2θ 为 32.4°、42.2°和 50.5°附近的衍射峰归属于 h-FeSe 相(PDF 卡片编号 75-0608,空间群:P63/mmc)[40]的(101)、(102)和(110)晶面。此外可以观察到少量的杂质峰,位于 30.1°、35.4°、56.9°和 62.5°附近的衍射峰对应于 Fe_3O_4 相(PDF 卡片编号 89-4319)[41]。微量杂质相的形成是由于分解气体的挥发和夹带所导致的微量 Se 源的损失,从而导致产物中 Fe/Se 比例的不平衡。鉴于此,将原始前驱体中的 Fe/Se 摩尔比控制在 1∶1.1 时,就得到了不含杂质的 FeSe 结构,这比传统的制备方法更为有效,因为传统方法通常使用大量的 Se 粉,Se 与模板材料的质量比一般大于 2∶1。Fe_xSe_y@C-2 的 XRD 谱图中体现了 h-FeSe 晶相和 t-FeSe 晶相(PDF 卡片编号 85-0735,空间群:P4/nmm)的共存,这两种相态难以分割,因为它们可以在加热状态下相互转化[40]。有趣的是,随着前驱体中 Se 含量的增加,Fe_7Se_8 相和 Fe_3Se_4 相相继生成。Fe_xSe_y@C-3 和 Fe_xSe_y@C-4 样品中,在 32.5°、42.2°、50.6°、55.4°和 61.4°处出现的衍射峰与 Fe_7Se_8 相有关(PDF 卡片编号 72-1356);Fe_xSe_y@C-4 和 Fe_xSe_y@C-5 样品中,在 15.7°、32.4°、32.9°、33.4°、43.1°、43.8°、51.1°、51.5°、57.8°、62.8°和 69.4°处出现的衍射峰与 Fe_3Se_4 相有关(PDF 卡片编号 71-2250)[10,42]。最后,将前驱体中 Fe/Se 摩尔比调整为 1∶1.4 时,制备出

了纯的 Fe_3Se_4 相，即使在加热过程中不可避免地出现 Se 源的损失，这种比例也与 Fe_3Se_4 相中的 Fe/Se 摩尔比（约为 1∶1.33）非常接近，说明了 Se@MOX 模板的优越性。

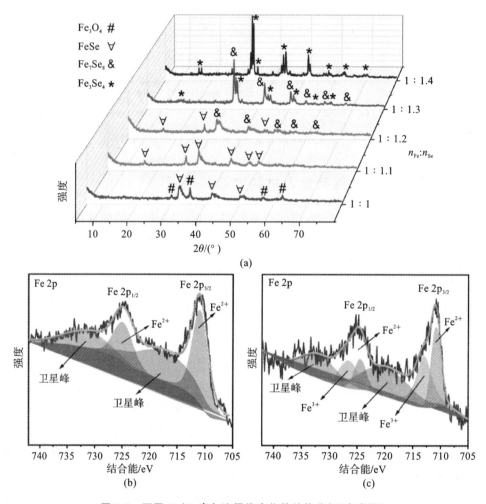

图 7-5　不同 Fe/Se 摩尔比煅烧产物的结构分析（有彩图）

(a)X 射线衍射谱；(b)Fe_xSe_y@C-2 的 Fe 2p 高分辨精细谱；

(c)Fe_xSe_y@C-5 的 Fe 2p 高分辨精细谱

Fe_xSe_y@C 系列复合材料中的 Fe/Se 摩尔比与前驱体中的 Se 含量有强相关性，我们进一步利用 XPS 技术研究了材料的表面化学信息，并证实了这一结论。如图 7-5(b)、图 7-5(c)和图 7-6 所示，Fe_xSe_y@C 系列复合材料的 Fe 2p 高分辨精细谱可以拟合为三部分：在 710 eV 和 724 eV 左右的信号对应于 Fe^{2+}，而在 712 eV 和

726 eV 附近的峰值则归因于 Fe^{3+}，而 719 eV 和 732 eV 左右的信号则与卫星峰相关[40,42]。根据各峰的积分面积计算，从 $Fe_xSe_y@C\text{-}1$ 样品到 $Fe_xSe_y@C\text{-}5$ 样品，Fe^{2+} 的含量先增加后减少，其中 $Fe_xSe_y@C\text{-}2$ 样品(即 FeSe@C)的 Fe^{2+} 含量最高，这与 XRD 结果吻合。

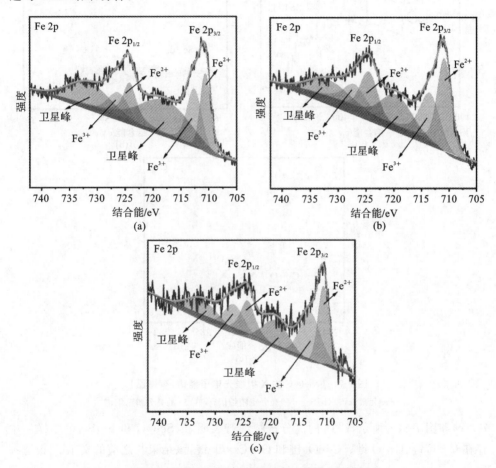

图 7-6　不同样品的 X 射线光电子能谱(有彩图)
(a)$Fe_xSe_y@C\text{-}1$ 的 Fe 2p 高分辨精细谱；(b)$Fe_xSe_y@C\text{-}3$ 的 Fe 2p 高分辨精细谱；
(c)$Fe_xSe_y@C\text{-}4$ 的 Fe 2p 高分辨精细谱

此外，我们还特别研究了 FeSe@C($Fe_xSe_y@C\text{-}2$)和 $Fe_3Se_4@C$($Fe_xSe_y@C\text{-}5$)的表面元素化合状态。如图 7-7(a)和图 7-8(a)所示，XPS 扫描总谱表明，它们主要由 Fe、C 和 Se 三种元素组成。其中，Se 元素的高分辨精细谱的主峰可拟合为三个峰，如图 7-7(b)和图 7-8(b)所示，55.2 eV 和 55.9 eV 附近的信号分别代表 Se $3d_{5/2}$ 和 Se $3d_{3/2}$，58.5 eV 附近的卫星峰与 Se 表面氧化形成的 Se—O 键有关[10]。如图

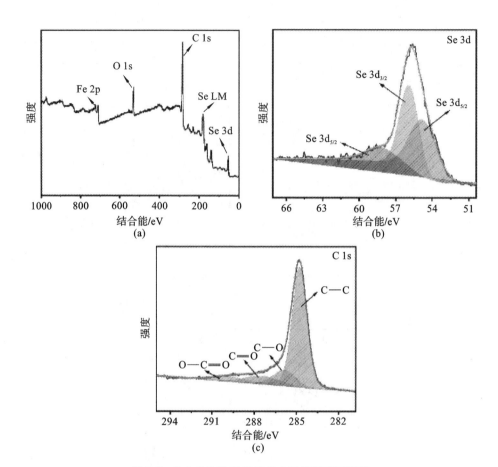

图 7-7　FeSe@C 的 X 射线光电子能谱(有彩图)

(a)元素总谱;(b)Se 3d 的高分辨精细谱;(c)C 1s 的高分辨精细谱

7-7(c)和图 7-8(c)所示,C 1s 的高分辨精细谱表明,FeSe@C 和 Fe_3Se_4@C 样品中存在 C—C 键、C—O 键、C=O 键和 O—C=O 键,该结果与之前的文献[29]报道一致。

　　作为 Fe_xSe_y@C 系列纳米晶体的导电桥和保护壳,碳基体的存在对于电极材料至关重要。由于在 600 ℃ 条件下煅烧的碳材料结晶度较差,以及高衍射强度的 Fe_xSe_y 衍射峰具有覆盖作用,因此在 XRD 图谱中没有观察到明显的碳衍射峰。为了验证碳基体的存在,我们进一步对 Fe_xSe_y 系列复合材料的形貌进行了研究。如图 7-9(a)和图 7-9(b)所示,从 SEM 图像中可以看出,FeSe@C 由紧密连接的碳基体和均匀分散的纳米晶体组成,纳米晶体直径为 20~100 nm。如图 7-9(c)和图 7-9(d)所示,与 FeSe@C 样品的形貌不同,Fe_3Se_4@C 样品是由短微棒和覆盖型碳基体组装而成的。

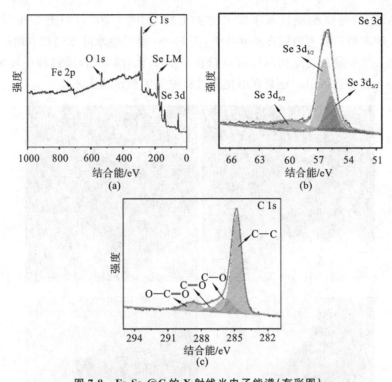

图 7-8　Fe₃Se₄@C 的 X 射线光电子能谱(有彩图)

(a)元素总谱;(b)Se 3d 的高分辨精细谱;(c)C 1s 的高分辨精细谱

图 7-9　FeSe@C 样品和 Fe₃Se₄@C 样品的扫描电镜图像

(a)FeSe@C 样品(1 μm 标尺);(b)FeSe@C 样品(300 nm 标尺);
(c)Fe₃Se₄@C 样品(1 μm 标尺);(d)Fe₃Se₄@C 样品(300 nm 标尺)

　　TEM 图像更清楚地显示了碳基质的形状,如图 7-10(a)和图 7-10(c)所示,FeSe@C 纳米粒子紧密地嵌在碳基体中,而 Fe_3Se_4@C 纳米晶体则被表面粗糙的碳层所覆盖。这种碳包覆结构不仅可以阻止 Fe_xSe_y 化合物在合成过程中发生聚集,而且在很大程度上可以防止其在电化学过程中发生破碎和流失。

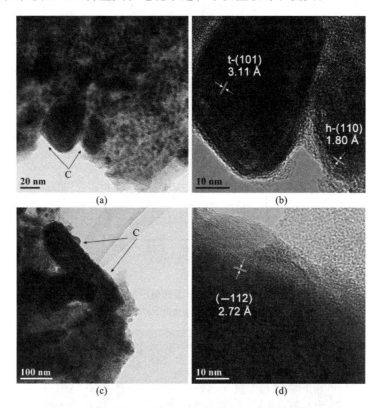

图 7-10　FeSe@C 样品和 Fe_3Se_4@C 样品的透射电镜图

(a)FeSe@C 样品的普通透射电镜图像;(b)FeSe@C 样品的高分辨透射电镜图像;
(c)Fe_3Se_4@C 样品的普通透射电镜图像;(d)Fe_3Se_4@C 样品的高分辨透射电镜图像

　　此外,我们通过拉曼光谱研究了碳基质的电荷转移性质,如图 7-11 所示,其典型的 D 波段和 G 波段分别位于 1333 cm^{-1} 和 1589 cm^{-1} 处。根据 D 峰和 G 峰的积分面积计算,FeSe@C 的 I_D/I_G 值约为 1.42,Fe_3Se_4@C 的 I_D/I_G 值约为 1.37,两种样品中 I_D/I_G 值均较高,说明两种材料中碳基质的石墨化程度较低,这可能是由于 Fe_xSe_y 化合物的嵌入造成了碳基质的结构缺陷,另外,较低的碳化温度也是造成该现象的重要原因之一[43]。碳基质中的这些缺陷可以为电解液中的阳离子提供具有较高结合能的电化学活性位点,从而有效改善电解质离子的运输动力学,提高电极材料的储能性质[44]。在高分辨率透射电镜(HRTEM)图像中,可以进一步观察到碳基质

对 Fe_xSe_y 化合物的包覆作用。如图 7-10(b)所示,间距为 0.311 nm 和 0.180 nm 的晶格条纹分别对应于 t-FeSe 晶相的(101)晶面和 h-FeSe 晶相的(110)晶面。如图7-10(d)所示,间距为 0.272 nm 的晶格条纹则归属于 Fe_3Se_4 晶相的(-112)晶面。

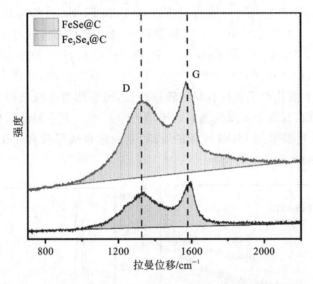

图 7-11　**FeSe@C 样品和 Fe_3Se_4@C 样品的拉曼光谱(有彩图)**

此外,如图 7-12(a)和图 7-12(b)所示,选区电子衍射(SAED)图像进一步显示了不同 Fe_xSe_y 化合物的存在,此结果与 XRD、HRTEM 图像所示结果一致。上述表征结果证明,我们已经成功地制备了具有特定组成的碳封装型 Fe_xSe_y 化合物,完成了 FeSe@C 与 Fe_3Se_4@C 结构的定向构筑。

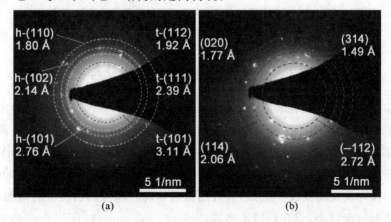

图 7-12　**FeSe@C 样品和 Fe_3Se_4@C 样品的选区电子衍射图像(有彩图)**
(a)FeSe@C 样品;(b)Fe_3Se_4@C 样品

多孔结构是另一个重要的预期特征,我们通过 N_2 吸附/脱附等温线测试分析了上述两个样品的孔隙特征。如图 7-13(a)所示,FeSe@C 和 Fe_3Se_4@C 的吸附/脱附等温线均为Ⅳ型,滞回线为 H4 型,这对应于典型的介孔结构特征。基于 Brunauer-Emmett-Teller(BET)方法,计算得到 FeSe@C 和 Fe_3Se_4@C 的比表面积分别为 208.63 $m^2 \cdot g^{-1}$ 和 209.22 $m^2 \cdot g^{-1}$,结果优于用传统方法制备的金属硒化物的比表面积。如图 7-13(b)所示,FeSe@C 和 Fe_3Se_4@C 的孔径主要集中在 3.0~4.0 nm 范围内,说明这两种材料均具有介孔结构。研究表明,孔径为 2.0~5.0 nm 的介孔能够为溶剂化离子提供有利的转移路径,因而此类孔隙结构更有利于电子/离子的传递运输,有助于实现快速的电极动力学[45,46]。上述表征结果表明,我们采用原位固定 Se 粉及煅烧 MOG 模板的策略,定向地合成了具有介孔碳包覆结构的 FeSe@C 和 Fe_3Se_4@C 复合材料。

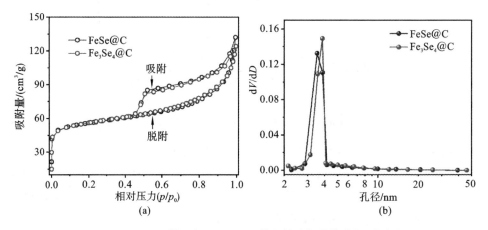

图 7-13 FeSe@C 样品和 Fe_3Se_4@C 样品的孔径结构分析(有彩图)
(a)氮气吸附/脱附等温线;(b)孔径分布情况

7.3.3 FeSe@C 和 Fe_3Se_4@C 复合材料的电化学性能研究

为了探究碳封装结构和介孔结构对 FeSe@C 和 Fe_3Se_4@C 复合材料的超级电容性能的影响,我们基于 6 mol/L KOH 电解液,在三电极体系中研究了两种材料的电化学性能。如图 7-14(a)和图 7-14(b)所示,不同扫描速率(5 $mV \cdot s^{-1}$、10 $mV \cdot s^{-1}$、20 $mV \cdot s^{-1}$、40 $mV \cdot s^{-1}$、60 $mV \cdot s^{-1}$、80 $mV \cdot s^{-1}$ 和 100 $mV \cdot s^{-1}$)下的循环伏安曲线(CV 曲线)具有相似的轮廓。随着扫描速率的增加,法拉第氧化还原峰逐渐减弱,但在扫描速率提高到 100 $mV \cdot s^{-1}$ 时,CV 曲线仍能保持其原有的形态。为了进一步了解两种材料的储能机理,我们根据功率定律[47],通过低扫描速率下的 CV 曲线,研究了两种材料的电极反应动力学规律:

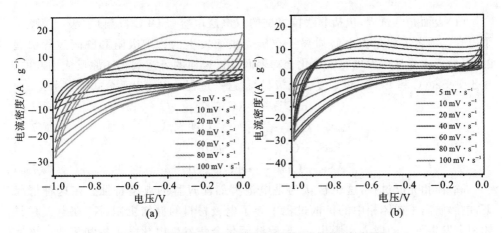

图 7-14　样品在不同扫描速率下的 CV 曲线(有彩图)

(a)FeSe@C 样品;(b)Fe₃Se₄@C 样品

$$i = av^b \tag{7-1}$$

$$\lg i = \lg a + b\lg v \tag{7-2}$$

式中,i 表示峰值电流响应,单位为 A;v 代表扫描速率,单位为 mV·s⁻¹;a 和 b 是由 $\lg i$ 与 $\lg v$ 拟合线的截距和斜率得到的计算参数。通常,拟合得到的 b 值若接近于 1,表示电极材料中占据主导地位的是由表面动力学反应控制的电容行为;b 值若等于 0.5,则表示由扩散过程控制的类电池型特征占据主导地位。

如图 7-15(a)和图 7-15(b)所示,根据 FeSe@C 和 Fe₃Se₄@C 的氧化(还原)峰电流进行拟合,计算出 b 值分别为 0.621(0.603)和 0.609(0.587),这表明两种材料的电化学性质与电容行为更接近于电池型的储能材料。结合之前的文献报道[15,48,49],我们推测两种电极材料的电荷存储机制可能与以下过程有关:

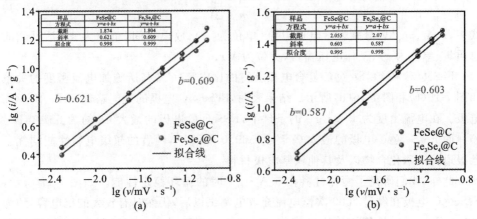

图 7-15　FeSe@C 样品和 Fe₃Se₄@C 样品的拟合结果(有彩图)

(a)根据阳极峰电流计算 b 值;(b)根据阴极峰电流计算 b 值

(1)表面充电过程,包括非法拉第型的双电层电容(EDLC机制)和法拉第型的赝电容。前者主要是由电解质离子在碳壳表面发生的物理吸附和脱附过程引起的,而后者主要是由发生在铁硒化合物表面及近表面的可逆氧化还原反应引起的。对于FeSe@C和Fe₃Se₄@C复合电极材料,这一过程可以用以下公式来表示:

$$C_{surface} + K^+ \longleftrightarrow [(C)^- K^+]_{surface} \tag{7-3}$$

$$C_{surface} + OH^- \longleftrightarrow [(C)^+ OH^-]_{surface} \tag{7-4}$$

$$FeSe + OH^- \longleftrightarrow FeSeOH + e^- \tag{7-5}$$

$$Fe_3Se_4 + OH^- \longleftrightarrow Fe_3Se_4OH + e^- \tag{7-6}$$

(2)体相充电过程,这也被认为是电池型储能过程的典型特征。在这种情况下,电解质离子在体相中的扩散过程主导了电极材料的储能机制,K^+ 在电极材料体相中发生可逆的嵌入和脱出,并导致铁硒化合物发生电化学重构和相变。该反应机理可由以下公式来描述:

$$FeSe + xK^+ + xe^- \longleftrightarrow K_xFeSe \tag{7-7}$$

$$K_xFeSe + (2-x)K^+ + (2-x)e^- \longleftrightarrow Fe + K_2Se \tag{7-8}$$

$$Fe_3Se_4 + yK^+ + ye^- \longleftrightarrow K_yFe_3Se_4 \tag{7-9}$$

$$K_yFe_3Se_4 + (8-y)K^+ + (8-y)e^- \longleftrightarrow 3Fe + 4K_2Se \tag{7-10}$$

此外,为了进一步探索FeSe@C和Fe₃Se₄@C复合材料的超级电容性能,我们测试了两种电极在不同电流密度下的恒电流充放电曲线(GCD曲线)。如图7-16(a)和图7-16(b)所示,所有电流密度下的恒电流充放电曲线均具有良好的对称性,这与不同扫描速率下的循环伏安曲线一致,都表明电极材料具有良好的库仑效率。为了进行更详细的定量比较,我们根据公式(7-11)分别计算了FeSe@C和Fe₃Se₄@C的比电容:

$$C_{sp} = \frac{I \cdot \Delta t}{m \cdot \Delta V} \tag{7-11}$$

式中,I、Δt、m、ΔV 分别表示电极电流(单位为A)、放电时间(单位为s)、活性物质总质量(单位为g)、工作电压窗口(单位为V)。

FeSe@C和Fe₃Se₄@C复合电极获得的比电容(C_{sp})与所施加电流密度的关系如图7-16(c)和图7-16(d)所示。结果表明,FeSe@C电极的性能略优于Fe₃Se₄@C电极。在电流密度为1 A·g⁻¹的条件下,FeSe@C电极的最大 C_{sp} 约为611.0 F·g⁻¹,而Fe₃Se₄@C电极的最大 C_{sp} 约为569.0 F·g⁻¹,两者的超级电容性能均优于已报道的铁硒化合物以及其他铁基电极材料。

此外,我们研究了两种材料在5 A·g⁻¹时的循环稳定性能。如图7-17所示,FeSe@C电极在经过2000次恒电流充放电测试以后,仍然具有较大的比电容(约为295.8 F·g⁻¹),是其初始比电容的94.22%。至于Fe₃Se₄@C复合电极,它经过2000次恒电流充放电测试以后,比电容可以维持在272.4 F·g⁻¹,电容损耗约为

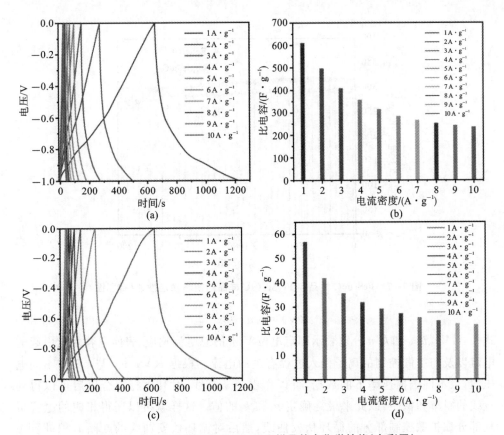

图 7-16　FeSe@C 样品和 Fe₃Se₄@C 样品的电化学性能（有彩图）

（a）FeSe@C 在不同电流密度下的 GCD 曲线；（b）FeSe@C 的比电容与电流密度的关系；
（c）Fe₃Se₄@C 在不同电流密度下的 GCD 曲线；（d）Fe₃Se₄@C 的比电容与电流密度的关系

6.72%，这个循环稳定性测试结果与 FeSe@C 电极相当。电极材料的库仑效率可以通过公式 $\eta = t_d/t_c$ 计算，其中 t_c 代表充电时间（单位为 s），t_d 代表放电时间（单位为 s）。在同样的电流密度下（1 A·g⁻¹），FeSe@C 电极的最大库仑效率约为 89.5%，而 Fe₃Se₄@C 电极的最大库仑效率均为 85.6%。这些结果证明，FeₓSeᵧ@C 基复合材料作为超级电容器电极具有优异的电化学性能，这主要归功于其独特的介孔结构，以及铁硒化合物与碳基质之间良好的协同作用。

为了进一步探究 FeSe@C 电极和 Fe₃Se₄@C 电极具有优异电化学性能的深层次原因，我们采用 Augustyn 等人[50]报道的方法对上述工作电极进行了定量动力学分析。一般来说，循环伏安曲线中的电流响应包含两部分，一部分归属于表面反应过程（包括双电层电容和表面赝电容），另外一部分对应于扩散控制的 K⁺ 插层过程，它们对整个电极材料比容量的贡献度可以通过与扫描速率相关的 CV 曲线进行量化，其定量关系如下[50,51]：

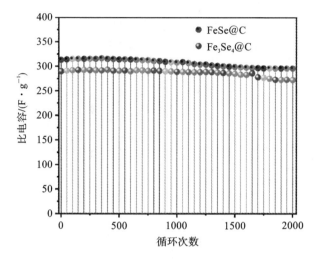

图 7-17　FeSe@C 样品和 Fe₃Se₄@C 样品的循环稳定性能（有彩图）

$$i(V) = k_1 v + k_2 v^{1/2} \tag{7-12}$$

式中，$i(V)$、$k_1 v$ 和 $k_2 v$ 分别表示固定电位 V 下的总电流响应、表面电容效应引起的电流以及与扩散控制的离子插入过程有关的电流。根据 $i(V)/v^{1/2}$ 与 $v^{1/2}$ 在不同电压窗口、不同扫描速率下的数据，可以作出一条直线，对其进行拟合以后可以得到直线的斜率和截距，以此来最终确定 k_1 和 k_2 的值。这样就可以获得相应的电容贡献部分和扩散控制部分的循环伏安曲线，然后对循环伏安曲线的封闭面积进行积分，就可以计算出不同储能机制所对应的电容贡献度。

FeSe@C 电极和 Fe₃Se₄@C 电极在 0.2～1 mV·s⁻¹ 范围内的循环伏安曲线分别如图 7-18(a) 和图 7-18(b) 所示。考虑到快速扫描会增加电容型机制的贡献，我们采用了较低的扫描速率。在 0.2 mV·s⁻¹ 的扫描速率下，FeSe@C 电极和 Fe₃Se₄@C 电极的表面电容贡献度和扩散控制电容贡献度的比值接近，如图 7-18(c) 和图 7-18(d) 所示，两种电极均表现出了超过一半的电容贡献度。与 Fe₃Se₄@C 电极相比，FeSe@C 电极的表面电容贡献度略高一些(60% 和 57%)。在 0.4 mV·s⁻¹ 的扫描速率下，二者表面电容部分对应的积分区域进一步增大，当扫描速率逐步增大为 0.6 mV·s⁻¹、0.8 mV·s⁻¹ 和 1 mV·s⁻¹ 时，表面电容贡献度逐渐升高。不同扫描速率下表面电容占总比电容的归一化百分比如图 7-18(e) 所示，在 0.4 mV·s⁻¹、0.6 mV·s⁻¹、0.8 mV·s⁻¹ 和 1 mV·s⁻¹ 的扫描速率下，FeSe@C 电极的表面电容贡献度分别为 72%、79%、80% 和 81%，而 Fe₃Se₄@C 电极的表面电容贡献度分别为 63%、70%、72% 和 74%。因此，可以得出结论：表面电容过程在这些铁硒基化合物电极中占据主导地位。这主要与电极材料中丰富的介孔结构和良好的碳封装结构有关。人们普遍认为,2.0~5.0 nm 的介孔有利于电解质离子的溶剂化,因而介孔是超级电容器电极的理想孔隙结构[51,52]。事实上,这种介孔碳封装型结构还可以通过界面区域为表面赝电容提供丰富的电化学反应位点,从而改善电解质与复合材料的电极动力学关系,优化电化学反应过程。为了进一步了解电子/离子在电极和电解质中的运动行为,我们研究了电极的电化学阻抗分布特征。相关的 Nyquist 图和等效电路图如图 7-18(f)所示。理论上,超级电容器电极的电化学阻抗可分为以下三个部分:

(1)等效串联电阻(R_s),它表示活性电极材料、集流体和电解质的固有电阻以及它们之间的接触电阻。

(2)电荷转移电阻(R_{ct}),这与电极的表面结构有关,特别是与电极-电解质界面的电荷可及性有关。

(3)Warburg 电阻(R_w),对应于电解质离子从电解质向电极表面扩散过程中的电阻[37]。一般情况下,电阻分布数据可以用 Nyquist 图的等效电路进行拟合,其中,实轴截距(Z')、高频区域的半圆和低频区域的直线分别对应于 R_s、R_{ct} 和 R_w。在实际模拟中,具有多孔结构的电极会产生频率色散现象[53],因而其 Nyquist 图的真实形状常呈现为非理想状态。因此,我们在交流阻抗拟合过程中引入了两个恒定相位元件(CPE),以确保模拟结果更加接近于电极的真实状态,拟合的等效电路图如图 7-18(f)的左下部分所示。FeSe@C 电极和 Fe_3Se_4@C 电极的 R_s 值分别为0.51 Ω 和 0.62 Ω,表明该电极材料的本征电阻较低,这主要归功于铁硒化合物和碳材料本身均具有良好的导电性,以及独特的封装结构使它们相互之间接触紧密。FeSe@C 电极的 R_{ct} 低于 Fe_3Se_4@C 电极(2.00 Ω 和 2.51 Ω),这与电极动力学研究的结论一致。两者的 R_{ct} 均较低,表明电极表面具有良好的介孔结构,可提供易于接近的电极-电解质界面。此外,较低的 R_w 值和大于 1 的直线斜率共同表明,电解质离子能够在电极表面发生快速的扩散,这可能是由于材料结构中的介孔结构扩大了电解液可达区域。经过 2000 次循环充放电实验以后,两种电极的 R_s 和 R_{ct} 值均有所增加,说明充放电过程中电极材料的结构发生了变化,这进一步支持了电极动力学研究的结论:电荷存储机制中包含一部分电池型体相扩散过程。此外,与 Fe_3Se_4@C电极相比,FeSe@C 电极的 R_s 与 R_{ct} 增幅较小,说明 FeSe@C 电极在充放电过程中的结构稳定性优于 Fe_3Se_4@C 电极,这个结论与循环稳定性实验的结果是一致的。基于以上讨论,我们认为 Se@MOG 模板衍生的介孔碳封装型结构具有以下优点:

(1)介孔结构可以提供高的比表面积,能降低电荷转移阻力,为电荷提供活性位点,并为电荷/离子提供易于接近的通道;

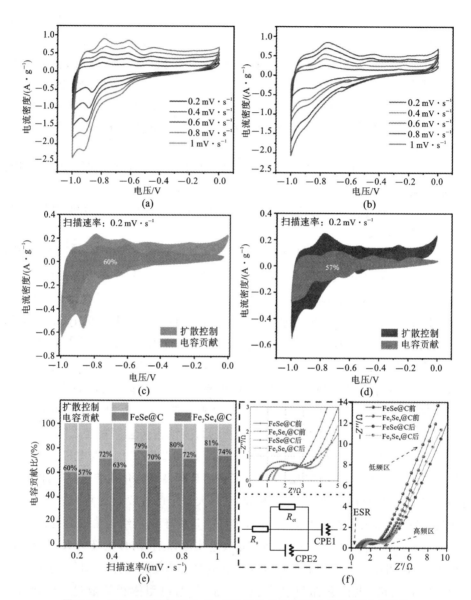

图 7-18　FeSe@C 样品和 Fe₃Se₄@C 样品的电极动力学性能(有彩图)

(a)FeSe@C 样品在不同扫描速率下的循环伏安曲线;(b)Fe₃Se₄@C 样品在不同扫描速率下的
循环伏安曲线;(c)FeSe@C 样品在 0.2 mV·s⁻¹ 扫描速率下的表面电容贡献;(d)Fe₃Se₄@C
样品在 0.2 mV·s⁻¹ 扫描速率下的表面电容贡献;(e)两种样品在不同扫描速率下表面电容和
扩散控制电容的归一化贡献比;(f)右侧图为两种样品在循环稳定性实验前后的 Nyquist 对比
图,左上方插图为高频区放大图,左下方插图为等效电路图

（2）碳基质可以提高复合材料的导电性能，释放金属基材料的机械应力，并为金属基材料提供保护性外壳，避免其遭受电解液的腐蚀；

（3）铁硒化合物与碳基质之间的良好接触界面有利于增强电极动力学作用；

（4）铁硒化合物与碳基质之间的协同作用，有助于加强表面电容过程与体相扩散过程的联系，进而增强复合材料的综合电化学性能。

7.3.4　柔性固态对称超级电容器件的研究

为了检验上述电极材料的实际应用性能，我们利用一块 PVA-KOH 凝胶聚合物作为电解质，FeSe@C 复合材料和 Fe₃Se₄@C 复合材料作为工作电极，组装了一个柔性固态对称超级电容器件（简称为 FSSC），命名为 FeSe@C//Fe₃Se₄@C。FSSC 器件的电压窗口是通过改变 $10 \mathrm{~mV \cdot s^{-1}}$ 下的循环伏安电压范围来确定的，如图 7-19(a)所示，在 $0 \sim 1.2 \mathrm{~V}$ 电压范围内，循环伏安曲线的形状是可以接受的。当电压窗口增大到 1.4 V 和 1.6 V 时，循环伏安曲线末端的电极极化效应变得明显。因此，我们将该器件的工作电压窗口设定为 1.2 V。与此同时我们观察到，将单个的 FeSe@C 电极和 Fe₃Se₄@C 电极组装成柔性固态对称超级电容器件以后，工作电压窗口有所增大，这主要是由于固态电解质比液态电解质更难分解，而且 FeSe@C 材料和 Fe₃Se₄@C 材料之间的协同作用可以降低电极的极化效应。如图 7-19(b)所示，FSSC 在不同扫描速率下的循环伏安曲线形状与两种材料在三电极体系中的曲线形状相似，说明 FSSC 具有良好的充放电行为。部分氧化还原峰的消失可能是由于以下原因造成的：（1）固态电解质中的离子扩散缓慢，导致部分发生在体相中的电化学法拉第反应消退；（2）三电极体系与对称超级电容器件的测试条件不同。

此外，FSSC 器件在不同电流密度下的恒电流充放电曲线如图 7-19(c)所示，其形状对称性良好，表明该器件具有良好的库仑效率和良好的电化学可逆性。根据公式(7-11)可以计算 FSSC 器件的比电容，结果如图 7-19(d)所示。器件在 $1 \mathrm{~A \cdot g^{-1}}$、$2 \mathrm{~A \cdot g^{-1}}$、$3 \mathrm{~A \cdot g^{-1}}$、$4 \mathrm{~A \cdot g^{-1}}$、$5 \mathrm{~A \cdot g^{-1}}$、$6 \mathrm{~A \cdot g^{-1}}$、$7 \mathrm{~A \cdot g^{-1}}$、$8 \mathrm{~A \cdot g^{-1}}$、$9 \mathrm{~A \cdot g^{-1}}$ 和 $10 \mathrm{~A \cdot g^{-1}}$ 电流密度下的 C_{sp} 值分别为 $160.1 \mathrm{~F \cdot g^{-1}}$、$134.3 \mathrm{~F \cdot g^{-1}}$、$111.0 \mathrm{~F \cdot g^{-1}}$、$96.7 \mathrm{~F \cdot g^{-1}}$、$86.9 \mathrm{~F \cdot g^{-1}}$、$79.5 \mathrm{~F \cdot g^{-1}}$、$72.1 \mathrm{~F \cdot g^{-1}}$、$67.3 \mathrm{~F \cdot g^{-1}}$、$62.6 \mathrm{~F \cdot g^{-1}}$ 和 $57.9 \mathrm{~F \cdot g^{-1}}$，表明该 FSSC 器件具有良好的倍率性能。此外，根据公式 $E=1/2 C_{\mathrm{sp}}(V)^2$ 和 $P=E/\Delta t$ 可以计算器件的能量密度和功率密度，对应得到的拉贡曲线如图 7-19(e)所示。FSSC 器件的最大能量密度为 $32.1 \mathrm{~W \cdot h \cdot kg^{-1}}$（此时功率密度为 $600 \mathrm{~W \cdot kg^{-1}}$），即使在 $5998 \mathrm{~W \cdot kg^{-1}}$ 的高功率密度下，其能量

密度仍然能保持在 11.6 W·h·kg^{-1}。这种优异的性能表现优于大部分已报道的对称型 Fe 基超级电容器件，包括 Bi$_2$Fe$_4$O$_9$//Bi$_2$Fe$_4$O$_9$(19 W·h·kg^{-1},325 W·kg^{-1})[54]、Fe-N@C-800//Fe-N@C-800(15.4 W·h·kg^{-1},225 W·kg^{-1})[55]、Fe-VO-S//Fe-VO-S(9.3 W·h·kg^{-1},2200 W·kg^{-1})[56]以及 PW$_{12}$@MIL-101/PPy-0.15//PW$_{12}$@MIL-101/PPy-0.15(20.7 W·h·kg^{-1},277.6 W·kg^{-1})[57]等。甚至还优于部分非对称型 Fe 基超级电容器件，例如 Fe/Fe$_3$C//AC(6.5 W·h·kg^{-1},11800 W·kg^{-1})[58]、h-CNF/CNS//Fe$_3$C@Fe$_3$O$_4$(8.3 W·h·kg^{-1},1000 W·kg^{-1})[59]、Cr$_2$O$_3$/C//Fe$_x$O$_y$/C(9.6 W·h·kg^{-1},8000 W·kg^{-1})[60]、Fe$_3$O$_4$/Fe/C//NPC(17.5 W·h·kg^{-1},388.8 W·kg^{-1})[61]、SrFeO$_{2.5}$//LaNi$_{0.45}$Fe$_{0.55}$O$_{3-\delta}$(19.5 W·h·kg^{-1},394 W·kg^{-1})[62]、Fe-CeO$_2$-500//AC(22.7 W·h·kg^{-1},640 W·kg^{-1})[63]、Fe$_2$O$_3$/N-CNT//CuCo$_2$O$_4$(22.8 W·h·kg^{-1},216 W·kg^{-1})[64]、α-Fe$_2$O$_3$//FMO(17.9 W·h·kg^{-1},400 W·kg^{-1})[65]、CoFe$_2$O$_4$/MWCNTs//AC(26.67 W·h·kg^{-1},319 W·kg^{-1})[66]以及 NiFe LDHs/rGO/NF//MC/NF(17.71 W·h·kg^{-1},348.49 W·kg^{-1})[67]等。此外，在电流密度为 4 A·g^{-1} 的条件下，利用恒电流充放电技术对器件的长期循环稳定性进行了测试。如图 7-19(f)所示，该 FSSC 器件在 5000 次循环后仍能保持初始比电容的 89.5%，证明了其具有良好的循环稳定性(这主要归功于封装碳壳的保护作用)。为了评估 FeSe@C//Fe$_3$Se$_4$@C 器件的柔性特征，将 FSSC 器件从 0°到 180°进行不同角度的弯曲，如图 7-19(g)所示，不同弯曲程度所对应的循环伏安曲线仅有微小的轮廓变化。

如图 7-20(a)所示，当电流密度为 6 A·g^{-1} 时，FSSC 器件在最大弯曲角度 180°下，经过 500 次恒电流充放电循环测试后，仍能保持其初始比容量的 90.3%。此外，如图 7-20(b)所示，前 10 次和后 10 次循环实验的恒电流充放电曲线无明显形状变化。这些结果表明，FSSC 器件具有良好的柔性。该器件的装配工艺如图 7-21 所示，首先，将 FeSe@C 和 Fe$_3$Se$_4$@C 复合材料分别负载到两块插指形泡沫镍集流体上；然后，基于聚四氟乙烯模具，采用整体浇注的方法将 PVA-KOH 凝胶整合到交叉放置的电极上；最后，聚合物凝胶电解质经自然固化得到 FSSC 器件。此外，该 FSSC 器件经过微型太阳能电池板充电后，可以轻松驱动一块电子计时器，充分证明了其在实际应用中的可行性。前述结构表征与电化学性能测试结果一致表明，我们制备的 FeSe@C 和 Fe$_3$Se$_4$@C 复合材料在电化学储能领域极具应用潜力。

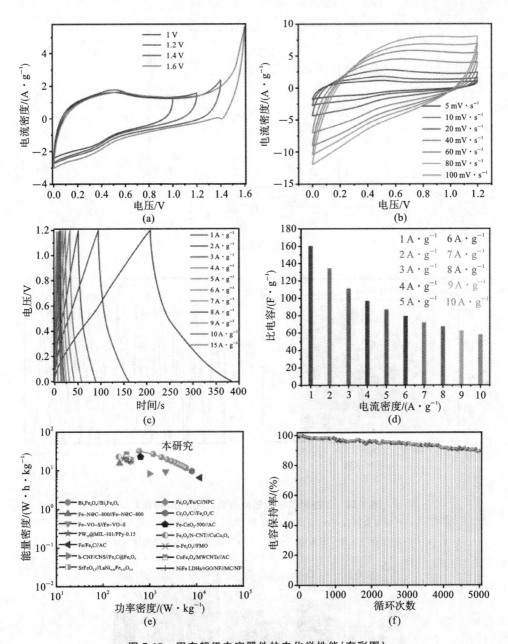

图 7-19　固态超级电容器件的电化学性能(有彩图)

(a)扫描速率为 10 mV · s^{-1} 时,不同电压窗口的循环伏安曲线;(b)器件在 0~1.2 V 电压范围内及不同扫描速率下的循环伏安曲线;(c)在不同电流密度下测得的器件恒电流充放电曲线;(d)器件的比电容与电流密度的关系;(e)器件的拉贡曲线对比图(能量密度与功率密度);(f)电容保持率与循环次数的关系;(g)不同弯曲状态下,器件在 10 mV · s^{-1} 时的循环伏安曲线

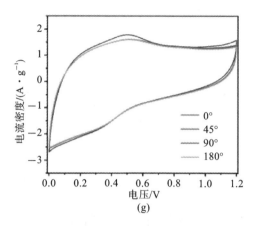

(g)

续图 7-19

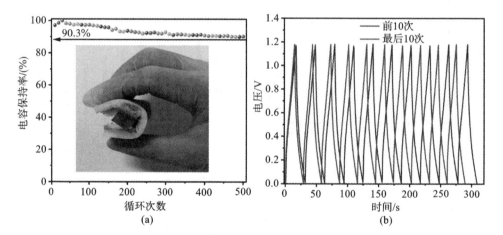

(a)

(b)

图 7-20　固态超级电容器件的柔性性能(有彩图)

(a)在电流密度为 6 A·g^{-1}时,器件弯曲 180°状态下的循环稳定性测试;

(b)循环稳定性实验的前 10 次和后 10 次的恒电流充放电曲线对比

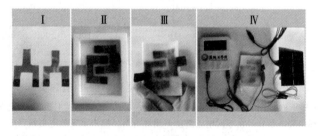

图 7-21　器件的组装过程和实际应用演示

7.4　本章小结

在本章中,我们介绍了一种用 MOF 凝胶和 Se 粉作为结构导向模板制备介孔碳封装铁硒化合物的新方法。通过控制前驱体中 Fe 和 Se 的摩尔比,合成了 FeSe@C 和 Fe_3Se_4@C 两种复合材料,其比表面积分别高达 208.63 $m^2 \cdot g^{-1}$ 和 209.22 $m^2 \cdot g^{-1}$,并富含介孔结构。两种材料作为超级电容器电极均表现出优异的电化学性能,包括良好的电极动力学性能、低的电化学阻抗、良好的循环稳定性以及 611.0 $F \cdot g^{-1}$ 和 569.0 $F \cdot g^{-1}$ 的显著比电容(在 1 $A \cdot g^{-1}$ 电流密度下)。将 FeSe@C 和 Fe_3Se_4@C 电极组装成柔性固态对称超级电容器件后,它可以提供 160.1 $F \cdot g^{-1}$ 的高比电容、32.1 $W \cdot h \cdot kg^{-1}$ 的高能量密度,经过 5000 次循环充放电后其电容保持率高达 89.5%。本项研究表明,MOF 凝胶模板法在制备介孔碳封装型金属硒化物材料方面具有良好的应用前景。

本章参考文献

[1] KSHETRI T,TRAN D T,NGUYEN D C,et al. Ternary graphene-carbon nanofibers-carbon nanotubes structure for hybrid supercapacitor[J]. Chemical Engineering Journal,2020, 380:122543.

[2] XU Z J,LIU Y N,WU Z T,et al. Construction of extensible and flexible supercapacitors from covalent organic framework composite membrane electrode[J]. Chemical Engineering Journal,2020,387:124071.

[3] ZENG Y X,YU M H,MENG Y,et al. Iron-based supercapacitor electrodes:Advances and challenges[J]. Advanced Energy Materials,2016,6(24):1601053.

[4] QI S H,XU B L,TIONG V T,et al. Progress on iron oxides and chalcogenides as anodes for sodium-ion batteries[J]. Chemical Engineering Journal,2020,379:122261.

[5] YUE L C,ZHANG S G,ZHAO H G,et al. Microwave-assisted one-pot synthesis of Fe_2O_3/ CNTs composite as supercapacitor electrode materials[J]. Journal of Alloys and Compounds, 2018,765:1263-1266.

[6] DURGA I,RAO S,KALLA R,et al. Facile synthesis of FeS_2/PVP composite as high-performance electrodes for supercapacitors[J]. Journal of Energy Storage,2020,28:101216.

[7] WANG Q F,LIU J H,RAN X,et al. High-performance flexible self-powered strain sensor based on carbon nanotube/ZnSe/CoSe2 nanocomposite film electrodes[J]. Nano Research, 2022,15(1):170-178.

[8] SAJJAD M,AMIN M,JAVED M S,et al. Recent trends in transition metal diselenides (XSe_2:X = Ni, Mn, Co) and their composites for high energy faradic supercapacitors[J].

Journal of Energy Storage,2021,43:103176.

[9] XIE S L,GOU J X,LIU B,et al. Synthesis of cobalt-doped nickel sulfide nanomaterials with rich edge sites as high-performance supercapacitor electrode materials[J]. Inorganic Chemistry Frontiers,2018,5(5):1218-1225.

[10] LIU T Z,LI Y P,ZHAO L Z,et al. In situ fabrication of carbon-encapsulated Fe_7X_8 (X=S, Se) for enhanced sodium storage[J]. ACS Applied Materials & Interfaces, 2019, 21: 19040-19047.

[11] XIAO S H, LI X Y, ZHANG W S, et al. Bilateral interfaces in In_2Se_3-$CoIn_2$-$CoSe_2$ heterostructures for high-rate reversible sodium storage[J]. ACS Nano, 2021, 15(8): 13307-13318.

[12] WANG Q F,LIU J H,TIAN G F,et al. Co@N-CNT/MXenes in situ grown on carbon nanotube film for multifunctional sensors and flexible supercapacitors[J]. Nanoscale,2021, 13(34):14460-14468.

[13] GOU J X,DU Y M,XIE S L,et al. Easily-prepared bimetallic metal phosphides as high-performance electrode materials for asymmetric supercapacitor and hydrogen evolution reaction[J]. International Journal of Hydrogen Energy,2019,44(50):27214-27223.

[14] JAVED M S, SHAH S S A, HUSSAIN S, et al. Mesoporous manganese-selenide microflowers with enhanced electrochemical performance as a flexible symmetric 1.8 V supercapacitor[J]. Chemical Engineering Journal,2020,382:122814.

[15] GE J M,WANG B,WANG J,et al. Nature of $FeSe_2$/N-C anode for high performance potassium ion hybrid capacitor[J]. Advanced Energy Materials,2020,10(4):1903277.

[16] WANG Q F,MA Y,LIANG X,et al. Novel core/shell $CoSe_2$@PPy nanoflowers for high-performance fiber asymmetric supercapacitors[J]. Journal of Materials Chemistry A,2018,6 (22):10361-10369.

[17] HE Q,WANG Y,LIU X X,et al. One-pot synthesis of self-supported hierarchical urchin-like Ni_3S_2 with ultrahigh areal pseudocapacitance[J]. Journal of Materials Chemistry A, 2018,6(44):22115-22122.

[18] HE Q,LIU X X,WU R,et al. PVP-assisted synthesis of self-supported Ni_2P@carbon for high-performance supercapacitor[J]. Research,2019,13:8013285.

[19] RAJ C J,MANIKANDAN R,THONDAIMAN P,et al. Sonoelectrochemical exfoliation of graphene in various electrolytic environments and their structural and electrochemical properties[J]. Carbon,2021,184:266-276.

[20] DAI S G,ZHANG Z F,XU J M,et al. In situ Raman study of nickel bicarbonate for high-performance energy storage device[J]. Nano Energy,2019,64:103919.

[21] LIU J T,XIAO S H,LIU X Q,et al. Encapsulating Co_9S_8 nanocrystals into CNT-reinforced N-doped carbon nanofibers as a chainmail-like electrocatalyst for advanced Li-S batteries with high sulfur loading[J]. Chemical Engineering Journal,2021,423:130246.

[22] WANG Q F,RAN X,SHAO W K,et al. High performance flexible supercapacitor based on

metal-organic-framework derived CoSe$_2$ nanosheets on carbon nanotube film[J]. Journal of Power Sources,2021,490:229517.

[23] XIAO S H,LI Z Z,LIU J T,et al. Se-C bonding promoting fast and durable Na$^+$ storage in yolk-shell SnSe$_2$@Se-C[J]. Small,2020,16(41):2002486.

[24] MANIKANDAN R,RAJ C J,SAVARIRAJ A D,et al. Template assisted synthesis of porous termite nest-like manganese cobalt phosphide as binder-free electrode for supercapacitors[J]. Electrochimica Acta,2021,393:139060.

[25] RAJ C J,MANIKANDAN R,RAJESH M,et al. Cornhusk mesoporous activated carbon electrodes and seawater electrolyte: The sustainable sources for assembling retainable supercapacitor module[J]. Journal of Power Sources,2021,490:229518.

[26] ZHAO L,WU R,WANG J J,et al. Synthesis of noble metal-based intermetallic electrocatalysts by space-confined pyrolysis:Recent progress and future perspective[J]. Journal of Energy Chemistry,2021,60:61-74.

[27] RAMU M,CHELLAN J R,GOLI N,et al. A self-branched lamination of hierarchical patronite nanoarchitectures on carbon fiber cloth as novel electrode for ionic liquid electrolyte-based high energy density supercapacitors[J]. Advanced Functional Materials, 2020,30(6):1906586.

[28] JAVED M S,SHAH S S A,NAJAM T,et al. Achieving high-energy density and superior cyclic stability in flexible and lightweight pseudocapacitor through synergic effects of binder-free CoGa$_2$O$_4$ 2D-hexagonal nanoplates[J]. Nano Energy,2020,77:105276.

[29] YANG S Y,HE M,DENG X Q,et al. Wafer-like FeSe$_2$-NiSe$_2$/C nanosheets as efficient anode for high-performances lithium batteries [J]. Chemical Physics Letters, 2020, 746:137274.

[30] XIE S L,GOU J X,LIU B,et al. Nickel-cobalt selenide as high-performance and long-life electrode material for supercapacitor[J]. Journal of Colloid and Interface Science,2019,540: 306-314.

[31] XU X J,LIU J,LIU J W,et al. A general metal-organic framework (MOF)-derived selenidation strategy for in situ carbon-encapsulated metal selenides as high-rate anodes for Na-ion batteries[J]. Advanced Functional Materials,2018,28(16):1707573.

[32] LIANG Q R,JIN H H,WANG Z,et al. Metal-organic frameworks derived reverse-encapsulation Co-NC@Mo$_2$C complex for efficient overall water splitting[J]. Nano Energy, 2019,57:746-752.

[33] MA Q N,ZHUANG Q Y,SONG H,et al. Large-scale synthesis of Fe$_3$Se$_4$/C composites assembled by aligned nanorods as advanced anode material for lithium storage[J]. Materials Letters,2018,228:235-238.

[34] LIU J W,XIAO S H,LI X Y,et al. Interface engineering of Fe$_3$Se$_4$/FeSe heterostructure encapsulated in electrospun carbon nanofibers for fast and robust sodium storage [J]. Chemical Engineering Journal,2021,417:129279.

[35] WANG H, CHEN B H, LIU D J. Metal-organic frameworks and metal-organic gels for oxygen electrocatalysis: Structural and compositional considerations[J]. Advanced Materials, 2021,33:2008023.

[36] ZHUANG Z Y, MAI Z H, WANG T Y, et al. Strategies for conversion between metal-organic frameworks and gels[J]. Coordination Chemistry Reviews,2020,421:213461.

[37] ZHANG Y D,SHAO R,XU W,et al. Soluble salt assisted synthesis of hierarchical porous carbon-encapsulated Fe$_3$C based on MOFs gel for all-solid-state hybrid supercapacitor[J]. Chemical Engineering Journal,2021,419:129576.

[38] HORCAJADA P,SURBLÉ S, SERRE C,et al. Synthesis and catalytic properties of MIL-100(Fe),an iron(iii) carboxylate with large pores[J]. Chemical Communications,2007,27: 2820-2822.

[39] DONG W D, WANG C Y, LI C F, et al. The free-standing N-doped Murray carbon framework with the engineered quasi-optimal Se/C interface for high-Se-loading Li/Na-Se batteries at elevated temperature[J]. Materials Today Energy,2021,21:100808.

[40] CAO Y F,HUANG S C,PENG Z Q,et al. Phase control of ultrafine FeSe nanocrystals in a N-doped carbon matrix for highly efficient and stable oxygen reduction reaction[J]. Journal of Materials Chemistry A,2021,9(6):3464-3471.

[41] ZHAO Y N, HUO D Q,BAO J,et al. Biosensor based on 3D graphene-supported Fe$_3$O$_4$ quantum dots as biomimetic enzyme for in situ detection of H$_2$O$_2$ released from living cells [J]. Sensors and Actuators B-Chemical,2017,244:1037-1044.

[42] MANIKANDAN R,JUSTIN R C,NAGARAJU G,et al. Selenium enriched hybrid metal chalcogenides with enhanced redox kinetics for high-energy density supercapacitors[J]. Chemical Engineering Journal,2021,414:128924.

[43] PANG Z Y,LI G S,XIONG X L,et al. Molten salt synthesis of porous carbon and its application in supercapacitors:a review[J]. Journal of Energy Chemistry,2021,61:622-640.

[44] SUI D,WU M M,SHI K Y,et al. Recent progress of cathode materials for aqueous zinc-ion capacitors:carbon-based materials and beyond[J]. Carbon,2021,185:126-151.

[45] ZHANG G L,GUAN T T,WANG N,et al. Small mesopore engineering of pitch-based porous carbons toward enhanced supercapacitor performance[J]. Chemical Engineering Journal,2020,399:125818.

[46] XIAO X,ZOU L L,PANG H,et al. Synthesis of micro/nanoscaled metal-organic frameworks and their direct electrochemical applications[J]. Chemical Society Reviews, 2020,49(1):301-331.

[47] LINDSTRÖM H, SÖDERGREN S, SOLBRAND A, et al. Li$^+$ ion insertion in TiO$_2$ (anatase). 2. voltammetry on nanoporous films[J]. The Journal of Physical Chemistry B, 1997,101:7717-7722.

[48] JI C C,LIU F Z,XU L,et al. Urchin-like NiCo$_2$O$_4$ hollow microspheres and FeSe$_2$ micro-snowflakes for flexible solid-state asymmetric supercapacitors[J]. Journal of Materials

Chemistry A,2017,5(11):5568-5576.

[49] ZHANG J, LIU Y C, LIU H, et al. Urchin-like Fe_3Se_4 hierarchitectures: a novel pseudocapacitive sodium-ion storage anode with prominent rate and cycling properties[J]. Small,2020,16(26):2000504.

[50] AUGUSTYN V, COME J, LOWE M A, et al. High-rate electrochemical energy storage through Li^+ intercalation pseudocapacitance[J]. Nature Materials,2013,12(6):518-522.

[51] BREZESINSKI K, WANG J, HAETGE J, et al. Pseudocapacitive contributions to charge storage in highly ordered mesoporous group V transition metal oxides with iso-oriented layered nanocrystalline domains[J]. Journal of the American Chemical Society,2010,132(20):6982-6990.

[52] ZHANG Y D, DING J F, XU W, et al. Mesoporous $LaFeO_3$ perovskite derived from MOF gel for all-solid-state symmetric supercapacitors[J]. Chemical Engineering Journal,2020, 386:124030.

[53] SAHA D, LI Y C, BI Z H, et al. Studies on supercapacitor electrode material from activated lignin-derived mesoporous carbon[J]. Langmuir,2014,30(3):900-910.

[54] KUZHANDAIVEL H, SELVARAJ Y, FRANKLIN M C, et al. Low-temperature-synthesized Mn-doped $Bi_2Fe_4O_9$ as an efficient electrode material for supercapacitor applications[J]. New Journal of Chemistry,2021,45(34):15223-15233.

[55] CHENG J Y, WU D L, WANG T. N-doped carbon nanosheet supported Fe_2O_3/Fe_3C nanoparticles as efficient electrode materials for oxygen reduction reaction and supercapacitor application[J]. Inorganic Chemical Communications,2020,117:107952.

[56] ASEN P, SHAHROKHIAN S, ZAD A I. Iron-vanadium oxysulfide nanostructures as novel electrode materials for supercapacitor applications [J]. Journal of Electroanalytical Chemistry,2018,818:157-167.

[57] LI T Y, HE P, DONG Y N, et al. Polyoxometalate-based metal-organic framework/polypyrrole composites toward enhanced supercapacitor performance[J]. European Journal of Inorganic Chemistry,2021,2021(21):2063-2069.

[58] KUMAR A, DAS D, SARKAR D, et al. Supercapacitors with prussian blue derived carbon encapsulated Fe/Fe_3C nanocomposites[J]. Journal of the Electrochemical Society,2020,167(6):060529.

[59] JU J, KIM M, JANG S, et al. 3D in-situ hollow carbon fiber/carbon nanosheet/$Fe_3C@Fe_3O_4$ by solventless one-step synthesis and its superior supercapacitor performance [J]. Electrochimica Acta,2017,252:215-225.

[60] FARISABADI A, MORADI M, HAJATI S, et al. Controlled thermolysis of MIL-101(Fe, Cr) for synthesis of Fe_xO_y/porous carbon as negative electrode and Cr_2O_3/porous carbon as positive electrode of supercapacitor[J]. Applied Surface Science,2019,469:192-203.

[61] MAHMOOD A, ZOU R Q, WANG Q F, et al. Nanostructured electrode materials derived from metal-organic framework xerogels for high-energy-density asymmetric supercapacitor

[J]. ACS Applied Materials & Interfaces,2016,8(3):2148-2157.

[62] ALEXANDER C T,FORSLUND R P,JOHNSTON K P,et al. Tuning redox transitions via the inductive effect in $LaNi_{1-x}Fe_xO_{3-\delta}$ perovskites for high-power asymmetric and symmetric pseudocapacitors[J]. ACS Applied Energy Materials,2019,2(9):6558-6568.

[63] XIE H T,MAO L M,MAO J. Structural evolution of $Ce[Fe(CN)_6]$ and derived porous Fe-CeO_2 with high performance for supercapacitor[J]. Chemical Engineering Journal,2021,421: 127826.

[64] SUNDARA R B,KO T H,ACHARYA J,et al. A novel Fe_2O_3-decorated N-doped CNT porous composites derived from tubular polypyrrole with excellent rate capability and cycle stability as advanced supercapacitor anode materials [J]. Electrochimica Acta, 2020, 334:135627.

[65] LI P Y,XIE H Y,WANG X Q,et al. Sustainable production of nano α-Fe_2O_3/N-doped biochar hybrid nanosheets for supercapacitors[J]. Sustainable Energy & Fuels,2020,4(9): 4522-4530.

[66] ACHARYA J,RAJ B G S,KO T H,et al. Facile one pot sonochemical synthesis of $CoFe_2O_4$/MWCNTs hybrids with well-dispersed MWCNTs for asymmetric hybrid supercapacitor applications[J]. International Journal of Hydrogen Energy,2020,45(4):3073-3085.

[67] LI M,JIJIE R,BARRAS A,et al. NiFe layered double hydroxide electrodeposited on Ni foam coated with reduced graphene oxide for high-performance supercapacitors [J]. Electrochimistry Acta,2019,302:1-9.

第8章 金属有机框架材料衍生金属氧化物量子点应用于超级电容器

8.1 引 言

近年来,随着汽车行业的不断发展,混合动力汽车(HEV)和纯电动汽车逐步兴起,二者对储能装置(EES)的能量密度和功率密度提出了很高的要求。超级电容器由于具有较高的功率密度,很适合用作混合动力汽车的储能装置[1]。最初的研究表明,ZnO材料可以被用作超级电容器电极,这是因为它的电容值较高,成本低,绿色环保,且电化学性能稳定。但是,它本身不太稳定的电荷存储能力和比较狭窄的窗口电压,共同限制了ZnO材料在超级电容器领域的进一步应用[2]。为了解决这一难题,科学家们曾经尝试向ZnO电极材料中引进碳材料,如石墨烯、氧化石墨烯、碳纳米管(CNTs)、石墨碳纳米纤维以及碳阵列等[3-5]。引入碳材料后,复合材料的双电层电容和窗口电压得以增大,然而,这种做法会使ZnO和碳材料之间的结合能力太差,导致电极材料在充放电过程中非常容易损坏,因此超级电容器的循环稳定性能也较差。据报道,ZnO复合碳材料电极的最大工作窗口电压仅为1 V,这明显限制了超级电容器的能量密度[6]。因此,设计合成具有较好循环稳定性能和较高能量密度的ZnO复合碳材料电极,仍然面临着巨大的挑战。研究表明,在各种各样的解决策略中,将ZnO颗粒做到足够小是一种行之有效的方法[7]。足够小的ZnO粒子,尤其是量子点(QDs),既可以均匀地分散在碳材料阵列中,又能够降低其自身与碳材料的接触壁垒,实现高度的融合。

至今为止,现有文献已报道了大量的合成ZnO量子点的方法,以及它们和碳材料的复合方法[8-10]。这些方法的制备过程大多十分复杂,需要两到三个准备过程,导致材料制备过程中产生了不可重复性,而且在大量的制备合成过程中ZnO颗粒形貌不易控制。制备金属氧化物量子点与无定形碳复合材料时,可以将金属有机框架化合物(MOF)作为模板,我们以此为基础,先以具有优良力学性能与导电性能的碳纳米管为载体,利用其成核作用负载大量MOF,形成MOF/CNTs前驱体,然后将该前驱体置于惰性气体中,高温煅烧,利用骤冷作用制备金属氧化物量子点与无定形碳复合材料。

我们制备了ZIF-8/CNTs(ZIF为咪唑型沸石框架),并以它为模板制备了ZnO

QDs/C/CNTs 复合材料,它同时继承了 ZIF-8 和 CNTs 的优点,具有独特的化学结构,表现为大的比表面积和特殊的导电网络结构。图 8-1 所示为 ZnO QDs/C/CNTs 复合材料的制备流程示意图:先将 ZIF-8 负载到 CNTs 上,然后利用复合材料 ZIF-8/CNTs 的模板作用,在氮气中煅烧制备复合材料。由于 CNTs 的加入,复合材料比由单纯 ZIF-8 模板制备的材料具有更加优异的电化学性能。

扫码查看
第 8 章彩图

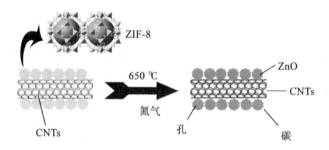

图 8-1　ZnO QDs/C/CNTs 复合材料制备过程示意图(有彩图)

8.2　实　验　部　分

8.2.1　样品的制备

1.实验材料

实验中所使用的各类化学试剂及耗材如表 8-1 所示。

表 8-1　实验材料与化学试剂

试剂和耗材	规格或型号	生产厂家
去离子水	—	东南大学
无水乙醇	分析纯	国药集团化学试剂有限公司
甲醇	分析纯	国药集团化学试剂有限公司
N-甲基吡咯烷酮	分析纯	国药集团化学试剂有限公司
$Zn(NO_3)_2 \cdot 6H_2O$	分析纯	国药集团化学试剂有限公司
无水硫酸钠	分析纯	国药集团化学试剂有限公司
2-甲基咪唑	分析纯	阿拉丁试剂(上海)有限公司
碳纳米管	99%	江苏先丰纳米材料科技有限公司

试剂和耗材	规格或型号	生产厂家
聚偏二氟乙烯	阿科玛 HSV900	山西力之源电池材料有限公司
导电炭黑	—	山西力之源电池材料有限公司
碳纸	0.19 mm 厚	上海叩实电气有限公司
镍极耳	3 mm	科晶集团
Ag/AgCl 电极	CHI660E	上海辰华仪器有限公司

2. 实验设备

实验中使用的仪器设备与第 2 章中所描述的设备相同,不再赘述。

3. ZIF-8/CNTs 的制备

ZIF-8/CNTs 是根据之前文献[11]报道过的方法制备的,具体过程参见 6.2.1 节内容。为了对比不同碳管含量的复合物,在相同条件下制备了不同含量碳纳米管的复合物,记作 ZIF-8/CNTs-x,x 代表初始加入 CNTs 的含量,包括 10.0 mg、50.0 mg、80.0 mg 和 120.0 mg。

4. ZnO QDs/C/CNTs 的制备

将以上制备的 ZIF-8/CNTs 复合物放入瓷舟,置于管式炉中,在常温下通入氮气 2 h 以排除空气,然后以 5 ℃/min 的速率升温至 650 ℃,保持氮气流通,将石英管置于空气中自然冷却,待降至常温便得到目标产物。另外,将 ZIF-8 以同样条件处理,作为对比参照。

5. 电极的制作

本章以制备的电极材料为活性物质,采用 2.2.1 节中所述方法制备了一系列电极。

8.2.2　样品的表征

本章实验中,通过 XRD 图谱、拉曼光谱、SEM、TEM、BET 和 XPS 能谱等手段对制备的样品进行了微观形貌和结构表征,实验使用的仪器与 2.2.2 节中所述相同。

8.2.3　电化学测试

本实验以 1 mol/L Na_2SO_4 溶液为电解质,Ag/AgCl 为参比电极,铂丝电极为对电极,目标材料电极为工作电极,在三电极体系下,用上海辰华 CHI660E 型电化学工作站测定了制备样品的循环伏安曲线、恒电流充放电曲线和交流阻抗谱图,实验方法与 2.2.3 节中所述相同。

8.3　结果与讨论

首先,我们采用简单的水热法,通过 2-甲基咪唑与 Zn 离子在 CNTs 上的原位反应,制备了 ZIF-8/CNTs 复合材料,这种复合物的制备方法,已经有文献报道过。图 8-2 所示为具有不同含量 CNTs 的 ZIF-8/CNTs 复合物的 XRD 图谱,由图可知,所有的复合物都具有与 ZIF-8 模拟标准谱一致的峰型,其中,ZIF-8 标准谱模拟自晶体学数据 cif 文件[12] 对应的 CCDC 编号为 602542。随着 CNTs 含量的增多,复合物的 XRD 峰基本没有变化,说明 CNTs 的存在并不影响 ZIF-8 的晶体结构。而位于 2θ 为 26 °附近,归属于 CNTs 的峰始终不太明显,这是因为,即使 CNTs 的掺杂量达到 120 mg,其相对含量依然较低,再加上 ZIF-8 的衍射峰强度较大,所以弱峰被强峰掩盖。

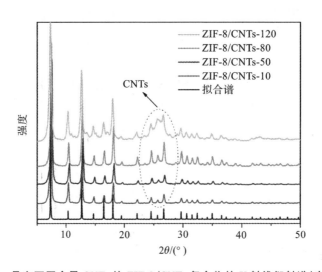

图 8-2　具有不同含量 CNTs 的 ZIF-8/CNTs 复合物的 X 射线衍射谱(有彩图)

图 8-3 展示了具有不同含量 CNTs 的 ZIF-8/CNTs 复合物的扫描电镜图像。由图可以看出,ZIF-8/CNTs-10 的产物里几乎全是 ZIF-8,只有极少量的 CNTs 可以被观察到。当 CNTs 增加到 50 mg 时,虽然可以观察到零星的 CNTs,但是 CNTs 和 ZIF-8 几乎是分开的,并没有发生我们所期待的负载现象。直到 CNTs 含量为 80 mg 时,才可以观察到明显的 CNTs 负载 ZIF-8 现象。当 CNTs 含量增加到 120 mg 时,与 CNT 含量为 80 mg 时相比,负载量并没有明显增加,而且此时整个

CNTs 几乎完全被 ZIF-8 覆盖,形成了类似串珠的形貌,所以我们选定 120 mg 的掺杂量作为最佳的条件,来制备 ZIF-8@CNTs 前驱体。

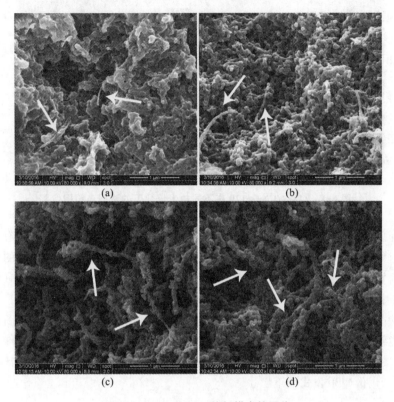

图 8-3　ZIF-8/CNTs 的扫描电镜图像

(a)ZIF-8/CNTs-10 样品;(b)ZIF-8/CNTs-50 样品;(c)ZIF-8/CNTs-80 样品;
(d)ZIF-8/CNTs-120 样品

图 8-4 展示了 ZIF-8/CNTs-120 在不同放大倍数下的透射电镜图像。由图可以看出,ZIF-8 的颗粒大小基本在 20～80 nm 之间,ZIF-8 对 CNTs 的包覆基本处于均匀的范围,说明这种纳米尺寸和形貌的 ZIF-8 颗粒十分适合用来作为模板制备纳米复合材料。

如图 8-1 所描述的那样,我们将制备好的 ZIF-8/CNTs-120 前驱体置于氮气气氛中煅烧,采用文献[13]报道过的骤冷方式制备了 ZnO QDs/C/CNTs 复合材料。为了确定所制备材料的结构和成分,我们对其做了一系列表征。图 8-5 所示为复合材料的 XRD 图谱,由图可以看出,CNTs 衍射谱中有两个主要的衍射峰,分别出现在 25.8°和 42.5°的位置,分别对应于它的(002)和(100)晶面。如图中所标注,ZnO 的衍射谱中出现在 31.7°、34.4°、36.2°、47.6°、56.6°和 62.8°的衍射峰,分别对应于它的(100)、(002)、(101)、(102)、(110)和(103)晶面。复合材料样品中,可以明显

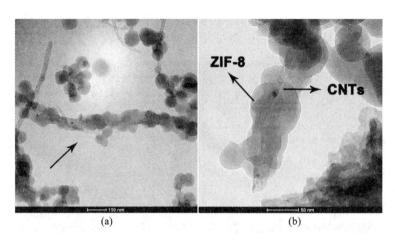

(a)   (b)

图 8-4   ZIF-8/CNTs-120 在不同放大倍数下的透射电镜图像

(a)标尺为 100 nm；(b)标尺为 50 nm

地观察到属于 CNTs(002)晶面的衍射峰，除此之外，在 30°～40°范围之间有一组宽化的衍射峰（用虚线圈出），峰形较钝，强度较弱，这是 ZnO 量子点衍射峰的典型特征。这组宽化峰包含 ZnO 的三个主要衍射峰，分别对应于(100)、(002)和(101)晶面。由于量子点的尺寸过小，因此其衍射峰出现了重叠、宽化及钝化现象。为了计算样品的晶粒尺寸，我们对重叠峰进行了分峰模拟，图 8-5(b)是对 XRD 图谱中圆形区域内重叠峰的分峰模拟图，可以看到，宽化的衍射峰可以被分成三个峰，分别对应于(100)、(002)和(101)晶面，我们选取强度最高的(101)晶面衍射峰计算其晶粒尺寸，所用的谢乐公式如下[14]：

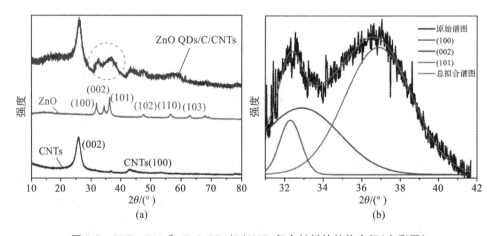

(a)   (b)

图 8-5   CNTs、ZnO 和 ZnO QDs/C/CNTs 复合材料的结构表征(有彩图)

(a)X 射线衍射谱；(b)左图中圆形区域内图谱的放大图及其拟合峰

$$D = \frac{K\lambda}{\beta cos\theta} \qquad (8-1)$$

式中，D 为晶粒尺寸，单位为 nm；K 为谢乐常数，此处取 0.89；λ 为 X 射线波长，此处取 0.154 nm；β 为样品衍射峰半高宽度，单位为 rad；θ 为衍射角，单位为 rad。根据计算，晶粒尺寸为 10.3 nm，从尺寸上来讲，样品处在量子点要求的范围以内，初步说明制备的样品是 ZnO QDs。

　　由于 ZnO 是一种具有光学特征的金属氧化物，因此，我们对复合材料进行了紫外吸收光谱的测试，以此来验证量子点的存在。如图 8-6 所示，纯 ZnO 的紫外吸收光谱在 360 nm 的位置出现了吸收峰，而复合材料的吸收峰出现在 375 nm 处，发生了蓝移，距离为 15 nm。研究表明，ZnO 紫外吸收光谱的蓝移是颗粒尺寸太小造成的，且 ZnO QDs 的紫外吸收峰都发生了 2～30 nm 的蓝移现象[15]。

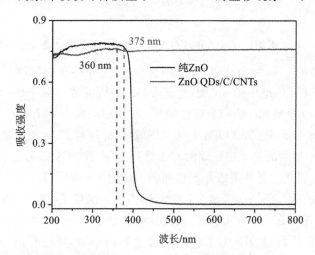

图 8-6　纯 ZnO 和 ZnO QDs/C/CNTs 复合材料的紫外吸收光谱（有彩图）

　　图 8-7 是 ZnO QDs/C/CNTs 复合材料的拉曼光谱，由图可知，位于 1100 cm^{-1} 和 550 cm^{-1} 附近的拉曼峰对应 ZnO 的声子模谱峰，而位于 452 cm^{-1} 的拉曼峰为 E_2 声子频率峰，与普通的 ZnO 相比，红移了 23 cm^{-1}，这是 ZnO QDs 颗粒尺寸太小导致的[16]。结合以上 XRD 图谱和紫外吸收光谱，我们认为样品中含有 ZnO QDs 成分。此外，在拉曼光谱中有两个强度很高的峰，分别位于 1342 cm^{-1} 和 1570 cm^{-1} 处，分别归属于碳材料的 D 峰和 G 峰。D 峰较 G 峰低，这与无定形碳的特点相符。另外，在 2695 cm^{-1} 位置的 D* 峰说明了 CNTs 的存在[17]。由于样品中碳材料种类较多，为了进一步确定样品的组成，我们对样品做了 XPS 能谱测试。

　　由图 8-8(a)可知，样品中含有 Zn、O、C 和 N 元素，这与目标产物的元素组成相符。图 8-8(b)展示了 Zn 2p 的结合能图谱，位于 1021.4 eV 和 1044.4 eV 的峰分别对应 Zn $2p_{3/2}$ 和 Zn $2p_{1/2}$，这两组峰的存在，说明样品中具有二价 Zn。图 8-8(c)是

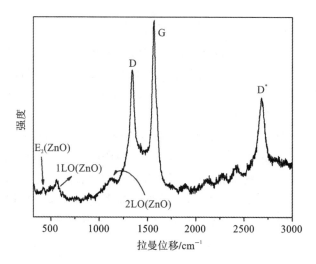

图 8-7　ZnO QDs/C/CNTs 复合材料的拉曼光谱

ZIF-8 煅烧产物的 C 1s 结合能谱,分峰拟合以后,主要存在四组峰。出现在 284.6 eV 的峰对应于 C—C 键中的 sp^3 碳;位于 285.9 eV 的峰归属于 C=C 双键的 sp^2 碳;归属于 C—O 单键和—C=O 双键的峰,则分别出现在 287.3 eV 和 288.7 eV 的位置[7]。图 8-8(d)是 ZnO QDs/C/CNTs 复合材料的 C 1s 结合能谱,从结构组成上讲,(c)图中展示的是无定形碳的 C 1s 信息,(d)图中除了无定形碳外,还加入了 CNTs 组分,因此二者的图谱是不相同的。由图 8-8(d)可知,C=C 双键具有更高的强度和尖锐度,说明 sp^2 碳增多;此外,还多了一组位于 290.7 eV 的峰,这对应于 CNTs 所特有的 π—π* 电子跃迁,由此证明了组分中存在 CNTs[18]。

　　图 8-9 展示了 ZnO QDs/C/CNTs 复合材料的形貌,可以看出,复合物的整体形貌与 CNTs 类似,但是与 CNTs 相比,其表面粗糙度较高,可以观察到明显的突起,而纯净的 CNTs 表面光滑。由于目标产物的颗粒太小,扫描电镜无法清晰观察其形貌,我们对样品进行了透射电镜表征。

　　图 8-10 是 ZnO QDs/C/CNTs 复合材料的透射电镜图像,由图 8-10(a)可以看出,CNTs 表面覆盖了许多烧结残留物,有的轮廓较大,有的轮廓较小,这对应于煅烧之前的 ZIF-8 颗粒,经过煅烧之后,原本较大的 ZIF-8 前驱体留下较大的轮廓,原本较小的或者没有成块体的 ZIF-8,几乎没有留下轮廓。将圆形区域放大以后,得到图 8-10(b),这部分样品的前驱体没有呈块状,可能是由呈片状贴覆在 CNTs 表面的 ZIF-8 煅烧而成,可以看到类圆形的 ZnO QDs 均匀地分布在 CNTs 的表面,如图中白色圆圈所标注,它们的平均尺寸在 10 nm 左右,这与之前根据 XRD 图谱和谢乐公式计算的样品晶粒尺寸十分吻合。图 8-10(c)和图 8-10(d)是复合物的高分辨透射电镜图像,可以更加清晰地观察到,在 CNTs 和 ZnO QDs 之间填充着大量

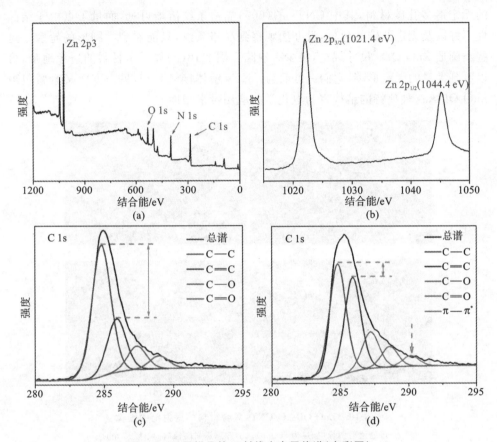

图 8-8　不同样品的 X 射线光电子能谱 (有彩图)

(a)ZnO QDs/C/CNTs 复合材料的宽幅扫描能谱;(b)ZnO QDs/C/CNTs 复合材料的 Zn 2p 高分辨精细谱;
(c)ZIF-8 煅烧产物的 C 1s 高分辨精细谱;(d)ZIF-8/CNTs 煅烧产物的 C 1s 高分辨精细谱

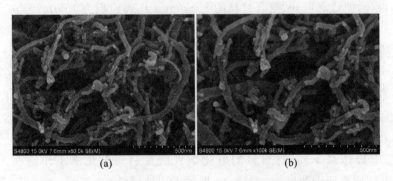

图 8-9　ZnO QDs/C/CNTs 复合材料的扫描电镜图像

(a)放大 80000 倍;(b)放大 100000 倍

的无定形多孔碳材料,其中 CNTs 的(002)晶格条纹清晰可见,而量子点由于结晶性不好以及无定形碳的包裹,没办法观察到晶格条纹,只能看到类圆形的轮廓。这些类圆形 ZnO QDs 尺寸规整,极少有缺陷。图 8-10(d)展示了材料的边缘地带,可以看到大量的无定形碳,它们一方面与 CNTs 壁体接触紧密,另一方面又紧紧包裹 ZnO QDs,这种独特的结构将为电化学的应用带来帮助。

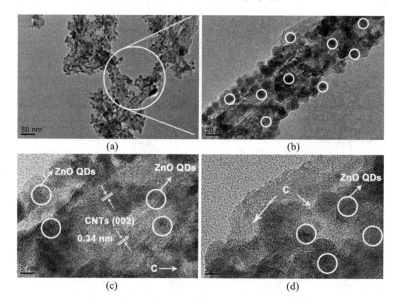

图 8-10　ZnO QDs/C/CNTs 复合材料的透射电镜图像
(a)普通透射图像(标尺为 50 nm);(b)普通透射图像(标尺为 20 nm);
(c)高分辨透射图像(晶格条纹);(d)高分辨透射图像(碳层)

图 8-11 展示了 ZnO QDs/C/CNTs 复合物的氮气吸附/脱附等温线与孔径分布状态,由(a)图计算可知,复合材料的 Langmuir 比表面积为 435 $m^2 \cdot g^{-1}$,在相对压力 p/p_0 为 0.4~0.95 的范围内,可以明显地观察到滞后环,这说明了材料的介孔特性。材料的孔径主要分布在 4 nm 左右。研究表明,在超级电容器电极反应中,孔径为 3~5 nm 的介孔由于与电解质离子直径相当,且能提供丰富的活性位点,故最有利于双电层电容的发生[19]。综合以上表征与分析,可以认定,我们已经成功地制备了目标材料 ZnO QDs/C/CNTs 复合物,该材料具有良好的形貌与独特的结构,在超级电容器应用领域有广泛前景。

在三电极体系下,各种材料的电化学性能是利用电化学工作站在 1 mol/L Na_2SO_4 电解质溶液中测试的。图 8-12 展示了四种材料在 10 mV $\cdot$ s^{-1} 扫描速率下的循环伏安曲线图,其中 ZnO 和 CNTs 是未经处理的原材料,ZnO QDs/C 是以同样条件处理未加 CNTs 的 ZIF-8 所得的产物,这三种材料作为 ZnO QDs/C/CNTs

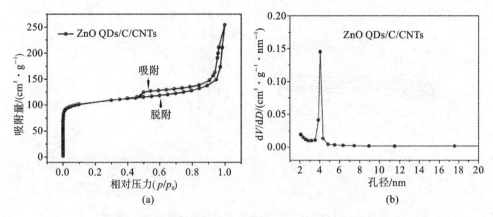

图 8-11　ZnO QDs/C/CNTs 复合物的孔径结构表征

(a)氮气吸附/脱附等温线；(b)孔径分布图

复合材料的参照物。由图 8-12 可以明显看到,四种材料在 -0.3~0.7 V 窗口电压范围内,均显示出类矩形的 CV 曲线,这说明四种材料在中性电解质中能表现出良好的双电层电容特性。在同样的扫描速率下,目标复合材料具有最大的 CV 曲线面积,这说明其比容量也是四种材料中最大的。

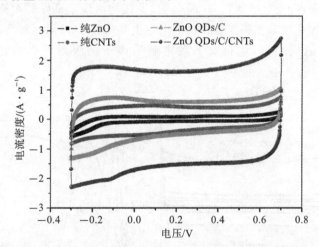

**图 8-12　三电极体系中,ZnO、CNTs、ZnO QDs/C 和 ZnO QDs/C/CNTs
在 10 mV·s⁻¹ 扫描速率下的循环伏安曲线图(有彩图)**

图 8-13 展示了 ZnO QDs/C 的电化学性能,可以看到该材料在不同扫描速率下的循环伏安曲线的形状基本一致,在 -0.1 V 左右有微弱的氧化峰。如图 8-13(b)所示,该材料在不同电流密度下的恒电流充放电曲线具有良好的对称性,且与循环伏安曲线对应一致。

159

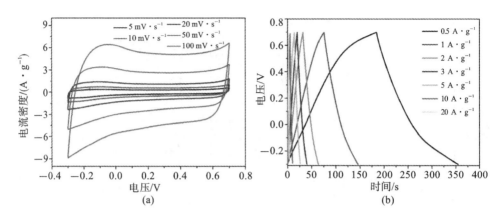

图 8-13   ZnO QDs/C 在三电极体系中的电化学性能(有彩图)
(a)不同扫描速率下的循环伏安曲线;(b)不同电流密度的恒电流充放电曲线

图 8-14 展示了 ZnO QDs/C/CNTs 的电化学性能。图 8-14(a)是复合材料在不同扫描速率下的循环伏安曲线,形状基本保持一致,即使扫描速率增加到 100 mV · s⁻¹,曲线依然看不到明显的变形,这说明电极材料的倍率性能较高,抗极化能力较强。图 8-14(b)展示了复合材料在不同电流密度下的恒电流充放电曲线图,电流密度从 0.5 A · g⁻¹ 增加到 20 A · g⁻¹,曲线均展现了良好的对称性,说明了电极材料优秀的库仑效率。该复合材料的电容主要来自 ZnO 对电解质离子的吸附以及碳材料的双电层电容,电极材料对电解质离子的吸附可以通过以下反应式表达[5]:

$$(ZnO)_{surface} + Na^+ + e^- \longleftrightarrow (ZnO^- Na^+)_{surface} \tag{8-2}$$

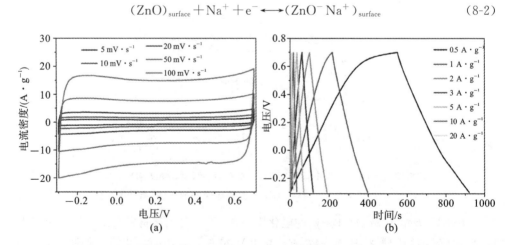

图 8-14   ZnO QDs/C/CNTs 在三电极体系中的电化学性能(有彩图)
(a)不同扫描速率的循环伏安曲线;(b)不同电流密度的恒电流充放电曲线

电容值对电极材料来说十分重要,是衡量超级电容器电化学性能的关键指标。我们根据循环伏安曲线和恒电流充放电曲线计算了复合材料以及各种参照物的比电容。根据循环伏安曲线,比电容的计算公式为[20]:

$$C_{sp} = \frac{\int IdV}{2vm\Delta V} \qquad (8\text{-}3)$$

式中,C_{sp} 为比电容,单位为 $F \cdot g^{-1}$;I 代表响应电流,单位为 A;dV 代表响应电压,单位为 V;v 是扫描速率,单位为 $V \cdot s^{-1}$;m 是电极材料的总质量,单位是 g;ΔV 代表窗口电压,单位是 V。

根据恒电流充放电曲线,比电容的计算公式为[20]:

$$C_{sp} = \frac{I \cdot \Delta t}{m \cdot \Delta V} \qquad (8\text{-}4)$$

式中,C_{sp} 为比电容,单位为 $F \cdot g^{-1}$;I 代表充放电电流,单位为 A;Δt 代表放电时间,单位为 s;m 是电极材料的总质量,单位是 g;ΔV 代表窗口电压,单位是 V。

根据公式(8-3)计算,分别得到了四种材料在不同扫描速率下的电容值,其中 ZnO 和 CNTs 的最大比电容分别只有 14.6 $F \cdot g^{-1}$ 和 44.8 $F \cdot g^{-1}$,而 ZnO QDs/C 和 ZnO QDs/C/CNTs 则具有更高的电容值,如图 8-15(a)所示。ZnO QDs/C 复合物在扫描速率为 5 $mV \cdot s^{-1}$、10 $mV \cdot s^{-1}$、20 $mV \cdot s^{-1}$、50 $mV \cdot s^{-1}$ 和 100 $mV \cdot s^{-1}$ 时,比电容分别为 67.0 $F \cdot g^{-1}$、63.0 $F \cdot g^{-1}$、59.7 $F \cdot g^{-1}$、55.2 $F \cdot g^{-1}$ 和 51.5 $F \cdot g^{-1}$,我们发现,当添加了 CNTs 以后,ZnO QDs/C/CNTs 复合物的比电容明显提高,达到 175.0 $F \cdot g^{-1}$、170.0 $F \cdot g^{-1}$、165.5 $F \cdot g^{-1}$、159.8 $F \cdot g^{-1}$ 和 153.6 $F \cdot g^{-1}$。图 8-15(b)也体现了类似的性能改善效果,ZnO QDs/C/CNTs 复合材料在电流密度为 0.5 $A \cdot g^{-1}$ 时显现了其最大比电容值,为 185.0 $F \cdot g^{-1}$,而在同样电流密度下,ZnO QDs/C 的比电容则只有 85.4 $F \cdot g^{-1}$,此时纯 ZnO 和纯 CNTs 的比电容值极低,根本不具有可比性。当电流密度增加到 1 $A \cdot g^{-1}$、2 $A \cdot g^{-1}$、3 $A \cdot g^{-1}$、5 $A \cdot g^{-1}$、10 $A \cdot g^{-1}$ 和 20 $A \cdot g^{-1}$ 时,ZnO QDs/C/CNTs 复合材料仍然具有很高的比电容值,分别为 179.0 $F \cdot g^{-1}$、176.4 $F \cdot g^{-1}$、168.3 $F \cdot g^{-1}$、164.5 $F \cdot g^{-1}$、160.0 $F \cdot g^{-1}$ 和 152.0 $F \cdot g^{-1}$,而 ZnO QDs/C 复合材料的比电容分别只有 70.0 $F \cdot g^{-1}$、63.0 $F \cdot g^{-1}$、58.8 $F \cdot g^{-1}$、60.5 $F \cdot g^{-1}$、47.0 $F \cdot g^{-1}$ 和 36.4 $F \cdot g^{-1}$。从这两种复合材料的比电容变化趋势来看,C_{sp} 总是随着扫描速率和电流密度的降低而增大,这是因为较低的电流和电压环境,使电极材料与电解质之间能够顺利地进行离子扩散,从而保证电极能够快速存储电荷。此外,随着电流密度从 1 $A \cdot g^{-1}$、2 $A \cdot g^{-1}$、3 $A \cdot g^{-1}$、5 $A \cdot g^{-1}$、10 $A \cdot g^{-1}$ 增加到 20 $A \cdot g^{-1}$ 时,ZnO QDs/C/CNTs 复合材料的比电容分别能够保持在它的最大值的 96.8%、95.4%、91.0%、88.9%、86.5% 和 82.2%,这说明该电极材料具有优异的倍率特性,相比之下,没有

添加 CNTs 的复合物却表现较差,ZnO QDs/C 复合材料在 20 A·g⁻¹ 电流密度下,比电容只有其最大比电容值的 42.6%。由此可见,CNTs 在确保复合材料的电化学性能上起到了关键性作用,这可能归因于 CNTs 的良好力学性能和良好导电性能。

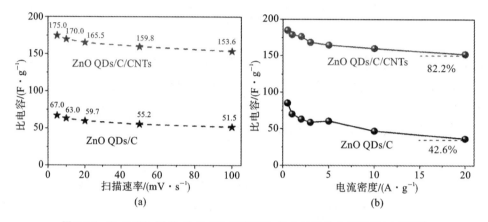

图 8-15 ZnO QDs/C 和 ZnO QDs/C/CNTs 复合材料的电容性能(有彩图)

(a)在不同扫描速率下的电容值;(b)在不同电流密度下的电容值

图 8-16 显示了 ZnO QDs/C/CNTs 复合材料在 10 A·g⁻¹ 电流密度下进行的 5000 次恒电流充放电结果,复合材料在 5000 次充放电循环以后,依然保持其初始比电容值的 91.8%,这表明电极材料具有优越的循环稳定性能。

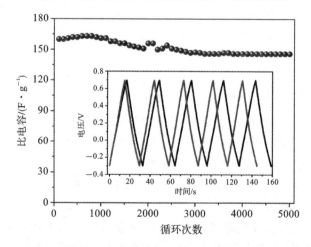

图 8-16 ZnO QDs/C/CNTs 复合材料在 10 A·g⁻¹ 电流密度下的循环稳定性(有彩图)

插图为该电流密度下的恒电流充放电曲线,黑色曲线为初始 5 个循环,

红色曲线为 5000 次循环的最后 5 个循环

为了进一步研究复合材料的内部阻抗,图 8-17 显示了复合材料的 Nyquist 曲

线。低场区的直线代表韦伯阻抗 R_w，也就是电解质溶液中的扩散电阻，直线越大，则阻抗越小；高场区的半圆代表电极的电荷转移阻抗 R_{ct}，包含电极内部的电子转移阻抗以及电极材料与电解质溶液界面的离子转移阻抗，半圆的半径越小，阻抗越低；Nyquist 曲线与实轴的截距代表等效串联电阻 R_s，包含整个电极的内在固有电阻，如 Zn QDs、碳材料、CNTs 的固有电阻以及它们之间的接触电阻。显而易见，添加了 CNTs 以后，复合材料 Nyquist 曲线具有更小的实轴截距、更小的半圆和更陡的直线，这都说明，经过 CNTs 的掺杂以后，复合材料 ZnO QDs/C/CNTs 各个部分的电阻有了显著降低。此外，循环前后交流阻抗谱曲线只是在半圆半径上略有变化，基本保持了其各个部分较低的阻抗，这也从侧面说明，该复合材料表现出了优异的倍率特性以及显著的循环稳定性。

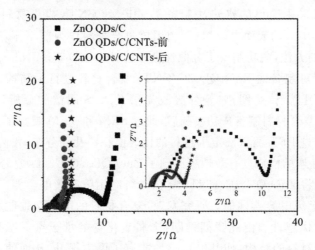

图 8-17　ZnO QDs/C 复合材料的 Nyquist 曲线，以及 ZnO QDs/C/CNTs 复合材料在循环前后的 Nyquist 曲线（有彩图）
插图为高场部分曲线的放大图

经过以上各项电化学性能的分析发现，我们所制备的 ZnO QDs/C/CNTs 复合材料具有优异的超级电容器性能表现，而且其性能已经超越了已报道的大部分 ZnO 基超级电容器。如 Suroshe 等人[2] 报道的 FCNTs/ZnO 电极材料（157 F·g^{-1}，0.1 mA·g^{-1}）、Chee 等人[21] 报道的 PPy/GO/ZnO（94.6 F·g^{-1}，1 A·g^{-1}）、Li 等人[22] 报道的 graphene-ZnO（156 F·g^{-1}，5 mV·s^{-1}）、Guo 等人[23] 报道的 rGO/ZnO nanorods/rGO（51.6 F·g^{-1}，10 mV·s^{-1}）以及 Selvakumar 等人[24] 报道的 ZnO-AC（160 F·g^{-1}，2 mV·s^{-1}）。我们推测，ZnO QDs/C/CNTs 复合材料的优异超级电容器性能主要归因于以下三个方面：

（1）ZnO QDs 具有足够小的颗粒尺寸，而且在碳材料基底中分散均匀，这种尺寸上的优势能够有效阻止颗粒间的相互团聚，进而保证了电极材料在工作过程中

的稳定性;

(2)CNTs 本身具有良好的导电性,因而以它为载体的碳材料和 ZnO QDs 复合材料具有较低的固有内阻,减少了电极材料在充放电过程中的能量损失,此外,一维的 CNTs 在材料内部还会搭建形成三维导电网络,这种结构有利于电极材料进行有效的电子传输;

(3)复合材料充分保留了 MOF 模板的多孔特性,尤其是材料内部具有较多的介孔分布,这有利于电极材料与电解质之间进行快速有效的离子扩散与转移。

8.4 本章小结

首先,本章采用简单的水热法制备了 ZIF-8@CNTs 模板材料,成功地将杂 ZIF-8 负载到 CNTs 的表面上。随后,利用该复合材料作为前驱体,通过在氮气中煅烧然后骤冷的方法,成功制备了分散性良好的 ZnO QDs/C/CNTs 复合材料。

其次,我们对制备的 ZnO QDs/C/CNTs 复合材料进行了结构上的表征与鉴定,通过 XRD 图谱、拉曼图谱、紫外吸收光谱及 XPS 图谱的分析讨论判定 ZnO QDs/C/CNTs 复合材料制备成功。随后,通过 SEM 和 TEM 观察了复合材料的形貌与结构,并通过 BET 测试确定了材料的比表面积和孔径分布,我们认为 ZIF-8@CNTs 模板的优越结构特点有效地延续到了 ZnO QDs/C/CNTs 复合材料中。

再次,我们将 ZnO QDs/C/CNTs 复合材料应用于超级电容器,并在三电极体系下测试了其超级电容器性能。研究发现,复合材料的电化学性能与同类材料相比,具有突出的优越性。由此我们推断,金属氧化物的量子点形态和碳材料的掺杂,改善了复合材料的结构,使其电化学性能有了巨大提升,从而使其比电容与报道过的同类相比,具有明显的优势。复合材料的最大比电容值,可以在 $0.5\ A\cdot g^{-1}$ 电流密度下达到 $185\ F\cdot g^{-1}$。

最后,我们对 ZnO QDs/C/CNTs 复合材料的循环稳定性和交流阻抗谱进行了测试。研究表明,在 $10\ A\cdot g^{-1}$ 电流密度下,电极材料充放电循环 5000 次之后,比电容依然能够保持其初始值的 91.8%。此外,我们对电极材料的电化学阻抗分布进行了分析。我们认为,这种复合材料在超级电容器领域具有极大的发展潜力。

综上所述,本章的研究为后续的以 MOF 材料为模板制备金属氧化物量子点应用于超级电容器领域的研究积累了经验,开拓了思路。传统的金属氧化物量子点制备方法复杂,步骤繁多,我们利用简单的 MOF 模板在氮气气氛中热解退火,就制备了分散均匀的金属氧化物量子点。重要的是,我们在以 MOF 材料作为模板的同时,还拓展了新颖的 MOF@CNTs 模板,以此为前驱体制备的金属氧化物量子点和碳材料的复合材料,传承了量子点之间不易团聚的特性,延续了 CNTs 材料的高导电性优点。此外,这种复合材料还充分保留了 MOF 材料的多孔特性,这些优越的结构特征共同为复合材料的超级电容器性能带来了巨大提升。因此,这种以 CNTs 负载 MOF 为模板衍生金属氧化物量子点和碳材料复合物的设计思路,在超级电容器领域拥有巨大的发展潜力。我们认为,未来这方面的研究可以拓展至两方面:一是发展其他种类 MOF 模板,如将 Ni 基、Co 基、Fe 基、Mn 基等 MOF 与 CNTs 载体复合,充当模板,并以此模板衍生镍、钴、铁、锰氧化物的量子点与碳材料复合物,应用于超级电容器电极材料;二是利用石墨烯和碳纤维等同样具有良好导电性和微观结构的碳材料,取代 CNTs 作为载体,与 MOF 进行复合,充当模板,并以此模板衍生金属氧化物量子点与各种碳材料的复合物,应用于超级电容器电极材料。总而言之,金属有机框架材料衍生金属氧化物量子点材料在超级电容器领域的应用还缺乏全面系统的研究,还需要科研工作者们共同努力,最终,这一材料设计思路必将促进超级电容器领域的技术发展与进步。

本章参考文献

[1] WANG L,HAN Y Z,FENG X,et al. Metal-organic frameworks for energy storage:batteries and supercapacitors[J]. Coordination Chemistry Reviews,2016,307:361-381.

[2] SUROSHE J S,GARJE S S. Capacitive behaviour of functionalized carbon nanotube/ZnO composites coated on a glassy carbon electrode[J]. Journal of Materials Chemistry A,2015,3 (30):15650-15660.

[3] ARAVINDA L,NAGARAJA K,NAGARAJA H,et al. ZnO/carbon nanotube nanocomposite for high energy density supercapacitors[J]. Electrochimica Acta,2013,95:119-124.

[4] DILLIP G R,BANERJEE A N,ANITHA V C,et al. Oxygen vacancy-induced structural, optical,and enhanced supercapacitive performance of zinc oxide anchored graphitic carbon nanofiber hybrid electrodes[J]. ACS Applied Materials & Interfaces,2016,8(7):5025-5039.

[5] SHI S J,ZHUANG X P,CHENG B W,et al. Solution blowing of ZnO nanoflake-encapsulated carbon nanofibers as electrodes for supercapacitors[J]. Journal of Materials Chemistry A,2013,1(44):13779-13788.

[6] BHIRUD A,SATHAYE S,WAICHAL R,et al. In situ preparation of N-ZnO/graphene nanocomposites:excellent candidate as a photocatalyst for enhanced solar hydrogen generation and high performance supercapacitor electrode[J]. Journal of Materials Chemistry A,2015,3 (33):17050-17063.

[7] SALUNKHE R R,TANG J,KAMACHI Y,et al. Asymmetric supercapacitors using 3D nanoporous carbon and cobalt oxide electrodes synthesized from a single metal-organic framework[J]. ACS Nano,2015,9(6):6288-6296.

[8] GUO D Y,SHAN C X,QU S N,et al. Highly sensitive ultraviolet photodetectors fabricated

from ZnO quantum dots/carbon nanodots hybrid films[J]. Scientific Reports,2014,4:7469.

[9] GUO W,XU S,WU Z,et al. Oxygen-assisted charge transfer between ZnO quantum dots and graphene[J]. Small,2013,9(18):3031-3036.

[10] HUANG Q W,ZENG D W,LI H Y,et al. Room temperature formaldehyde sensors with enhanced performance, fast response and recovery based on zinc oxide quantum dots/ graphene nanocomposites[J]. Nanoscale,2012,4(18):5651-5658.

[11] YANG Y,GE L,RUDOLPH V,et al. In situ synthesis of zeolitic imidazolate frameworks/ carbon nanotube composites with enhanced CO_2 adsorption[J]. Dalton Transactions,2014, 43(19):7028-7036.

[12] PARK K S,NI Z,CÔTÉ A P,et al. Exceptional chemical and thermal stability of zeolitic imidazolate frameworks[J]. Proceedings of the National Academy of Sciences,2006,103 (27):10186-10191.

[13] YANG S J,NAM S,KIM T,et al. Preparation and exceptional lithium anodic performance of porous carbon-coated ZnO quantum dots derived from a metal-organic framework [J]. Journal of American Chemical Society,2013,135(20):7394-7397.

[14] ADACHI-PAGANO M,FORANO C,BESSE J P. Synthesis of Al-rich hydrotalcite-like compounds by using the urea hydrolysis reaction-control of size and morphology[J]. Journal of Materials Chemistry,2003,13(8):1988-1993.

[15] LIU F,DENG W P,ZHANG Y,et al. Application of ZnO quantum dots dotted carbon nanotube for sensitive electrochemiluminescence immunoassay based on simply electrochemical reduced Pt/Au alloy and a disposable device[J]. Analytica Chimica Acta, 2014,818:46-53.

[16] SON D I,KWON B W,PARK D H,et al. Emissive ZnO-graphene quantum dots for white-light-emitting diodes[J]. Nature Nanotechnology,2012,7(7):465-471.

[17] STRUBEL P, THIEME S, BIEMELT T, et al. ZnO hard templating for synthesis of hierarchical porous carbons with tailored porosity and high performance in lithium-sulfur battery[J]. Advanced Functional Materials,2015,25(2):287-297.

[18] OKPALUGO T,PAPAKONSTANTINOU P,MURPHY H,et al. High resolution XPS characterization of chemical functionalised MWCNTs and SWCNTs[J]. Carbon,2005,43 (1):153-161.

[19] ZHI J, WANG Y F, DENG S, et al. Study on the relation between pore size and supercapacitance in mesoporous carbon electrodes with silica-supported carbon nanomembranes[J]. RSC Advances,2014,4(76):40296-40300.

[20] PATIÑO J,LÓPEZ-SALAS N,GUTIÉRREZ M C,et al. Phosphorus-doped carbon-carbon nanotube hierarchical monoliths as true three-dimensional electrodes in supercapacitor cells [J]. Journal of Materials Chemistry A,2016,4(4):1251-1263.

[21] CHEE W,LIM H,HARRISON I,et al. Performance of flexible and binderless polypyrrole/ graphene oxide/zinc oxide supercapacitor electrode in a symmetrical two-electrode

configuration[J]. Electrochimica Acta,2015,157:88-94.

[22] LI Z J,ZHOU Z H,YUN G Q,et al. High-performance solid-state supercapacitors based on graphene-ZnO hybrid nanocomposites[J]. Nanoscale Research Letters,2013,8(1):1-9.

[23] GUO G L, HUANG L, CHANG Q H, et al. Sandwiched nanoarchitecture of reduced graphene oxide/ZnO nanorods/reduced graphene oxide on flexible PET substrate for supercapacitor[J]. Applied Physics Letters,2011,99(8):083111.

[24] SELVAKUMAR M,BHAT D K,AGGARWAL A M,et al. Nano ZnO-activated carbon composite electrodes for supercapacitors[J]. Physica B-condensed Matter,2010,405(9): 2286-2289.

第9章 金属有机框架材料衍生金属碳化物应用于超级电容器

9.1 引　言

由于化石燃料的短缺,电化学能量转换和存储装置最近引起了人们的极大兴趣[1,2]。超级电容器具有功率密度高、循环寿命长、充放电快、重量轻、工作安全等优点,在许多便携式和可穿戴电子设备中具有巨大的潜力[3-5]。用于超级电容器的电极材料应该是多孔的,以允许电解液离子从表面向内部传输[6-9]。近年来,由于具备分级多孔结构(hierarchical porous structure, HPS)的材料比传统的单孔材料具有更好的电极动力学性能,因此人们对其进行了大量的研究[10-12]。HPS 可以促进电解质离子的渗透、扩散和运输,从而扩大电极的离子可及面积,最终产生优异的电化学性能[13,14]。因此,为了构建 HPS,科研工作者开发了各种各样的模板,包括有机聚合物、表面活性剂、冰硅、金属氧化物、无机/有机盐和生物质等[15,16]。在热解过程中,有机模板可作为碳基质的前体,而无机模板可作为孔隙分布的调节剂。传统的 HPS 制备技术主要通过有机和无机模板的混合来构造所需的非均相孔隙[17],然而,通过这些后混合技术很难获得具有足够化学均匀性的理想前驱体。因此,为了方便制备 HPS 材料,开发能够使有机和无机物种均匀分布的新型模板势在必行。

金属有机框架(MOF)含有高度有序的基本单元和大孔结构,由于其有机-无机杂化的混合属性,在 HPS 材料制备领域受到了广泛的关注[18,19]。通常,MOF 衍生的 HPS 碳材料的孔隙可采用以下两种方法来构造:一种是利用酸性溶液消除 MOF 衍生物中的金属部分,进而留下孔隙;另一种是继承 MOF 模板自身的孔隙结构[20,21]。与传统模板法相比,MOF 模板法具有以下优点:(1)MOF 具有良好的多孔性能,如规则的孔道、大的比表面积、均匀的孔径等,有利于衍生物产生精确的孔隙结构;(2)与采用后混合方式的模板不同,MOF 模板具有特殊的化学均匀性,有机和无机物种能够在原子水平上均匀分布,这有助于增强 HPS 碳材料的孔径均匀性;(3)MOF 前驱体的合成过程简单可控,而传统模板的合成过程通常需要复杂的步骤。

虽然 MOF 是制备 HPS 碳材料的良好模板,但它们可能不适合用来生产含有嵌入金属物种的 HPS 碳基体。众所周知,由于具有赝电容的储能机制,金属基材料通常比碳材料具有更高的比容量[22-24]。因此,利用传统的 MOF 模板法制备嵌有金属物种的 HPS 碳基材料时,面临一个两难的局面:一方面,为了构建 HPS 以增强离子运输动力学,金属部分需要被移除以产生孔隙结构;另一方面,为了获得更高的比容量,金属部分需要被大量保留以产生更高的赝电容。

为了解决上述难题,可以采用水溶性无机盐作为 MOF 模板的添加剂。因为水溶性无机盐可以用水去除,既能产生 HPS 孔隙,又可避免金属物种遭到酸性溶液的刻蚀。尽管混合有水溶性无机盐的 MOF 模板在 HPS 金属/碳复合材料构建方面极具应用前景,但传统的后混合方法,例如物理搅拌、机械研磨、超声搅拌、溶液浸渍等,均难以获得均匀分散的前驱体模板[25-27]。而且,由于水溶性无机盐的化学可修饰性太差,原位合成的方法也无法应用,因此,在过去几十年中,传统 MOF 模板一直难以突破结晶体的发展瓶颈,亟待开发一种新型的易于混合均匀的 MOF 模板。

本章采用了一种制备具有分级多孔结构的金属/碳复合材料的新策略。如图 9-1 所示,我们利用凝胶状的 MOF 与 NaCl 进行均匀混合,获得均匀性极佳的前驱体模板,并通过后续的热处理过程以及原位刻蚀技术,制备出了具有分级多孔结构的均相复合材料(记为 HPF/C)和碳材料(记为 HPC)。值得注意的是,在原始凝胶形成的过程中,通过原位预混合的方法,NaCl 可以很容易地在 MOF 凝胶中均匀分布。NaCl 的加入不仅扩大了衍生物的比表面积,而且改善了其孔隙结构。此外,本章选择分级孔 Fe_3C 作为电极,这是因为它在超级电容器中得到的关注远远少于其他铁基材料,例如 Fe_3O_4、$FeOOH$ 和 Fe_2O_3[28,29] 等。在仅有的几个关于 Fe_3C 电极的报道中,关于分级孔 Fe_3C 的可控制备及其多孔电极动力学的研究仍然较少。

扫码查看
第 9 章彩图

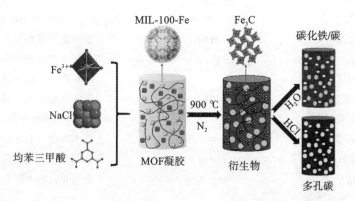

图 9-1　NaCl 辅助 MOF 凝胶模板合成 HPF/C 和 HPC 的策略示意图(有彩图)

研究结果表明,随着 NaCl 添加量的增加,HPF/C 系列材料逐渐呈现良好的中孔及大孔分布,且各种尺寸的孔道能够相互连通。为了深入研究构效关系,我们采用电极动力学方法和交流阻抗谱技术对其电化学性能进行了研究。结果表明,介孔结构能够为电解质离子提供转移路径,使其能快速到达电化学活性位点,进而显著降低电解质离子的扩散电阻。而大孔与电解液的接触面积大,不仅可以减小离子向内表面扩散的距离,而且可以有效地促进大型电解液负离子的扩散。在制备的几种复合材料中,HPF/C-4 具有最佳的电化学性能,在−1.1~0 V 的工作电压窗口内,其最大比电容高达 184.1 mA·h·g^{-1}(相当于 602.3 F·g^{-1})。此外,在模板中使用海水代替 3% NaCl 水溶液,可以制备出 HPC 材料。将两种分级多孔材料组装为 HPF/C-4//HPC 全固态混合超级电容器件(记为 HSC 器件),其在电化学储能应用中显示了良好的应用前景。

9.2 实验部分

9.2.1 材料准备

本章实验中所使用的各类化学试剂及耗材如表 9-1 所示,所有化学品在使用过程中未经任何额外的处理和净化。

表 9-1　实验材料与化学试剂

试剂和耗材	规格	生产厂家
Fe(NO$_3$)$_3$·9H$_2$O	分析纯	国药集团化学试剂有限公司
均苯三甲酸	分析纯	国药集团化学试剂有限公司
无水乙醇	分析纯	国药集团化学试剂有限公司
NaCl	分析纯	国药集团化学试剂有限公司
N$_2$	高纯氮气	盐城市广源气体有限公司
盐酸	分析纯	国药集团化学试剂有限公司
去离子水	分析纯	国药集团化学试剂有限公司
海水	—	取自黄海盐城海域
聚四氟乙烯	99%纯度	国药集团化学试剂有限公司
导电炭黑	—	山西力之源电池材料有限公司
碳纸	0.19 mm 厚	上海叩实电气有限公司
KOH	分析纯	国药集团化学试剂有限公司
铂片	99.99%纯度	上海辰华仪器有限公司
PE 碱性电池隔膜	Celgard 2500	Celgard
商用活性炭	—	江苏先丰纳米材料科技有限公司
PVA(聚乙烯醇)	分析纯	天津安诺合新能源科技有限公司
泡沫镍	1.0 mm 厚	天津安诺合新能源科技有限公司

9.2.2　模板(MOG-Fe＋NaCl)的合成

MOF 凝胶前驱体(记为 MOG-Fe),是参照文献[30]并做适当修改后利用 $Fe(NO_3)_3 \cdot 9H_2O$ 和均苯三甲酸(H_3BTC)制备的。制备 MOF 凝胶前驱体的典型程序为:首先将 $Fe(NO_3)_3 \cdot 9H_2O$(10 mmol)分散于 30 mL 乙醇中超声搅拌至混合均匀,得到溶液 A;然后将 H_3BTC(10 mmol)溶解在 30 mL 乙醇中,得到溶液 B;在搅拌状态下快速混合两种溶液,约 2 min 后溶液逐渐固化,形成凝胶。MOG-Fe＋NaCl 前驱体的合成步骤与上述步骤相似,仅需要在 $Fe(NO_3)_3$ 溶液中额外加入一定量的 NaCl 溶液(质量分数为 3%)。NaCl 溶液的添加量被设计为 1 mL、2 mL、3 mL 和 4 mL。

9.2.3　HPF/C 复合材料的制备

以 MOG-Fe＋NaCl 为牺牲模板制备得到 HPF/C。实验时,MOG-Fe＋NaCl 在空气中老化 6 h,然后在 90 ℃条件下真空干燥 24 h。将制备的干凝胶置于管式炉中,在氮气氛围中(200 mL·min^{-1})于 900 ℃下加热 4 h。根据模板中 NaCl 溶液的含量(1 mL、2 mL、3 mL、4 mL),将相应的产物分别标记为 MOX-1、MOX-2、MOX-3 和 MOX-4。冷却至室温后,用去离子水反复洗涤所得到的产物,直到 NaCl 全部消除,得到的产物分别记为 HPF/C-1、HPF/C-2、HPF/C-3 和 HPF/C-4。

9.2.4　HPC 材料的制备

首先,对黄海的原水进行过滤,去除不溶性物质。然后将 3 mL 海水与 $Fe(NO_3)_3$ 的乙醇溶液混合,烘干后即得到用海水制备的 MOF 凝胶前驱体。后续处理过程与上一步骤中的 MOX 制备过程完全相同。最后,将所得产物用盐酸溶液和去离子水洗涤数次,烘干后得到 HPC 材料。

9.2.5　物理化学表征

本章实验中,通过 XRD 图谱、拉曼光谱、SEM、TEM、BET 和 XPS 能谱等手段对制备的样品进行了微形貌和结构表征,实验使用的仪器与 2.2.2 节所述相同。

9.2.6　电化学测量

采用循环伏安法、恒电流充放电法和电化学阻抗谱法,在环境温度下利用上海辰华 CHI660E 电化学工作站,使用标准三电极体系测量材料电极的电化学性能。

将 90％的活性材料、5％的乙炔黑、5％的聚四氟乙烯黏结剂混合制成工作电极，然后涂覆泡沫镍。制备的电极首先在 80 ℃的真空中干燥 12 h，然后在 8 MPa 压力下加压 3 min，每个集流体上活性物质的负载质量为 1.0～2.0 mg。在 6 mol/L KOH 电解液中，采用三电极体系对 HPF/C 和 HPC 的电化学性能进行了测试。在交流电压为 10 mV、频率为 0.1 Hz～1 MHz 的条件下采集 EIS 数据。

9.2.7 全固态混合超级电容器件的组装

以 HPF/C 为正极，HPC 为负极，用 PVA-KOH 凝胶聚合物和一块 PE 碱性电池隔膜组装了全固态混合超级电容器件。为了使工作电压窗口达到最大范围，根据下式确定正、负电极的质量比：

$$\frac{m^+}{m^-} = \frac{C^- \cdot \Delta V^-}{C^+ \cdot \Delta V^+}$$

式中，C^+ 和 C^- 分别代表正极和负极的比电容，单位为 F·g^{-1}；m^+ 和 m^- 分别代表正电极和负电极中活性材料的质量，单位为 g。

首先根据文献[31]中方法制备聚合物凝胶电解质。具体地，将 1.00 g PVA 与 10 mL 水混合，将混合物在 90 ℃下加热，持续搅拌 80 min 后冷却至室温。冷却后，加入 10 mL 6 mol/L KOH 溶液，并持续搅拌 60 min，然后将 PVA-KOH 凝胶倒在尺寸为 2 cm × 4 cm 的泡沫镍电极上。在实验室条件下放置 3.0 h 后，将两个湿凝胶包覆的泡沫镍电极夹在一块 PE 碱性电池隔膜上。静置干燥，待聚合物凝胶电解质固化，即完成了全固态混合超级电容器件的制备。此外，还利用太阳能电池板作为电源设备，对全固态 HSC 器件进行了充电。

9.3　结果与讨论

9.3.1 MOF 凝胶前驱体的表征

通过 Fe 盐、NaCl 溶液和有机配体 H₃BTC 在乙醇溶剂中的有序共混，制备了含有 NaCl 的 MOF 凝胶前驱体（MOG-Fe＋NaCl）。通过充分搅拌，混合物在 2 min 内迅速转变为凝胶态，NaCl 分子可以快速固定在 MOF 纳米颗粒的框架内，因此模板具有分子水平的化学均匀性，合成效率较高。

原始凝胶（MOG-Fe）和加入 NaCl 后的凝胶（MOG-Fe＋NaCl）的图片如图 9-2(a) 和图 9-2(b)所示，可以观察到两种不同的光滑表面。研究发现，当 NaCl 添加量增加到 4 mL 以上时，凝胶过程会受到干扰，因此本实验研究了 4 种不同的添加剂含量（1～4 mL）对产物结构的影响作用。如图 9-2(c)所示，虽然 MOG-Fe 粉末和

MOG-Fe＋NaCl 粉末的 XRD 图谱显示出宽峰,但其峰型与 MIL-100-Fe 晶体(CCDC 编号 640536)[32]的标准模拟谱基本一致,表明凝胶模板的基本主体仍然是 MOF 的结构。根据之前的报道,MOF 凝胶的结晶度差可能是纳米 MOF 颗粒的非均质聚集和这些团簇在弱物理作用下的聚合作用共同造成的。我们利用热重分析技术研究了 MOG-Fe＋NaCl 的热解行为,观察到了两种类型的显著失重现象,如图 9-2(d)所示。在 470 ℃时的热变化和失重归因于有机配体的分解,此时碳和铁氧化物产生。当温度为 620 ℃时,铁氧化物被还原为 Fe,并进一步与碳在 800~1000 ℃的高温下发生还原反应生成 Fe₃C,使产品的最终质量恒定保留在原始质量的 28%。上述分析表明,该 MOF 凝胶法的制备过程简单快速,且 MOF 凝胶前驱体的化学均匀性良好,MOG-Fe＋NaCl 混合物是制备目标产物 Fe₃C/C 的理想前驱体。

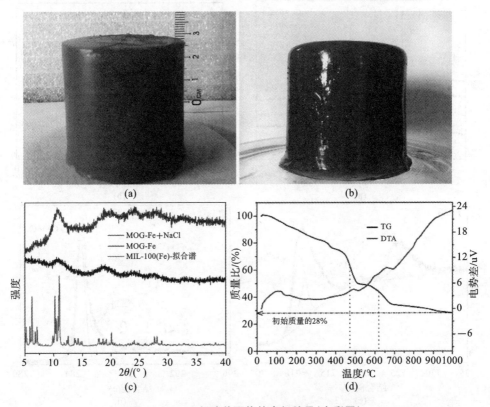

图 9-2　MOF 凝胶前驱体的表征结果(有彩图)
(a)原始凝胶(MOG-Fe)的照片;(b)MOG-Fe＋NaCl 前驱体的照片;
(c)MOG-Fe、MOG-Fe＋NaCl 的 X 射线衍射谱比较及 MIL-100(Fe)的标准模拟谱;
(d)MOG-Fe＋NaCl 前驱体在氮气气氛中的热重分析曲线

9.3.2 HPF/C 复合材料的表征

根据热重分析结果，选择 900 ℃作为退火温度，制备出 MOX 复合材料，MOX-1 至 MOX-4 的 XRD 谱图如图 9-3（a）所示。在 2θ 为 37.7°、42.9°、43.8°、45.0°和 49.1°处的衍射峰分别归属于 Fe_3C 的（121）、（211）、（102）、（031）和（221）晶面，实验所得 XRD 曲线与标准谱一致（PDF 卡号 89-7271）[33]。此外，2θ 为 26.40°处的衍射峰对应于石墨碳（002）平面的典型特征，说明了碳材料的存在。2θ 为 31.8°处的衍射峰归属于 NaCl 的（200）晶面（PDF 卡号 88-2300）。随着 NaCl 添加量的增加，峰型变得更尖锐，表明颗粒结晶程度增加，结构趋于有序化，以及晶粒长大。

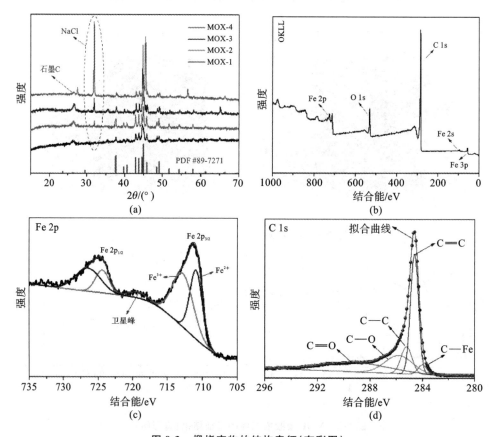

图 9-3 煅烧产物的结构表征（有彩图）
（a）X 射线衍射谱；（b）HPF/C-4 的 X 射线光电子能谱扫描总谱；
（c）Fe 2p 的高分辨精细谱；（d）C 1s 的高分辨精细谱

如图 9-4 所示，EDS 测试也证明了 NaCl 的存在，在光谱中可以明显观察到 Fe、

C、Na 和 Cl 元素。通过简单的水洗去除模板后,用 XPS、BET、SEM、TEM 和 HRTEM 等手段对所得产品进行了结构表征。Fe_3C/C 的 XPS 表征如图 9-3(b)所示,可以发现在测量光谱中只检测到 Fe、C、O 元素的信号。此外,Fe 2p 的高分辨精细谱可以被拟合为 5 个主要峰,如图 9-3(c)所示,位于 710.9 eV 和 724.4 eV 的峰可以归属于 Fe^{2+} 信号的 Fe $2p_{3/2}$ 和 Fe $2p_{1/2}$ 轨道;位于 712.9 eV 和 726.5 eV 的峰分别对应于 Fe^{3+} 信号的 Fe $2p_{3/2}$ 和 Fe $2p_{1/2}$ 轨道;位于 719.2 eV 附近的峰属于 Fe 的卫星峰[34,35]。此外,C 1s 的高分辨精细谱如图 9-3(d)所示,在 283.9 eV 处有一个典型的 C—Fe 峰,在 284.6 eV 处有一个C=C 峰。除这些峰之外,结合能为 285.3 eV、285.9 eV 和 290.0 eV 处的峰分别代表了 C—C、C—O 和C=O 键的存在[36]。XPS 的研究结果与文献报道一致,证明了 Fe_3C/C 复合结构的存在。

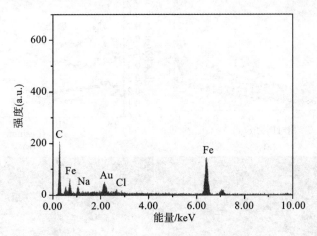

图 9-4　MOG-Fe＋NaCl 模板的元素分析图

　　为了研究 HPF/C 纳米颗粒的孔隙率,我们测试了氮气吸附/脱附等温线,如图 9-5(a)所示,未添加 NaCl 的前驱体所衍生的产物,其比表面积为 201.2 $m^2 \cdot g^{-1}$,随 NaCl 添加量的增加,HPF/C-1、HPF/C-2、HPF/C-3 和 HPF/C-4 的比表面积分别增大至 320.5 $m^2 \cdot g^{-1}$、395.4 $m^2 \cdot g^{-1}$、443.4 $m^2 \cdot g^{-1}$ 和 503.7 $m^2 \cdot g^{-1}$。其中,HPF/C-4 的比表面积优于文献已报道的 MIL-100-Fe 衍生物[37-40]。如图 9-5(a)所示,在(0.5～1.0) p/p_0 压力范围内,可以观察到明显的滞回线,表明材料结构中占据主导地位的是介孔。有趣的是,NaCl 的添加量会影响孔径尺寸的分布,如图 9-5(b)所示。在 2.0～5.0 nm 范围内,未添加 NaCl 的前驱体所衍生产物的孔隙类型主要为介孔;随着 NaCl 添加量的增加,大孔(孔径>50 nm)所占比例逐渐增加,其中 HPF/C-4 具有大量的介孔和大孔。众所周知,材料结构中"分级孔"概念的定义,不仅需要满足含有多种尺寸孔隙(即含有至少两种类型的孔隙)的基本要求,还需要清楚地观察到结构中各种不同孔隙之间的相互连通[41]。鉴于此,我们利用扫描电镜对 HPF/C-4 的形貌进行了研究。如图 9-5(c)所示,HPF/C-4 的结构呈现出典型的三维多孔网络结构,其中微米级大小的大孔是由完全互联的纳米片组装而成的。重要的是,如图 9-5(d)所示,在放大的 SEM 图像中,可以清楚地看到在大孔的纳米片状网络壁中存在着大量的介孔,这个结果充分证明了材料结构中存在典型的 HPS 孔隙。结合氮气吸附/脱附测试结果,我们推断,这种独特的结构是在两个重要过程中形成的:首先,在纳米 MOF 凝胶模板热解过程中,由于纳米 MOF 块体的非均质聚集而形成了丰富的介孔;其次,在去除纳米片壁面中嵌入的 NaCl 颗粒时,生成了具有三维多孔网络的大孔。

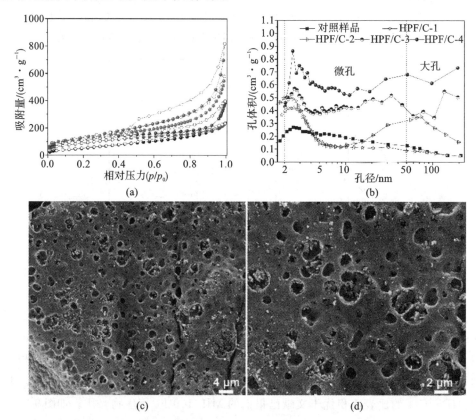

图 9-5 HPF/C 系列复合材料的孔径结构分析(有彩图)

(a)氮气吸附/脱附等温线;(b)孔径分布图;(c)HPF/C-4 的扫描电镜图像(标尺 4 μm);

(d)HPF/C-4 的扫描电镜图像(标尺 2 μm)

透射电镜照片进一步证实了上述材料的形态结构,如图 9-6(a)和图 9-6(b)所示,颗粒纳米片中呈现出不同类型的孔隙,这与 SEM 分析结果一致。此外,圆形的金属纳米粒子均匀地嵌入直径为 20～100 nm 的碳片中,阻碍了结构的聚集和堆积。在金属颗粒周围观察到洋葱状石墨碳和超薄碳片,这种浅层覆盖的特性也得

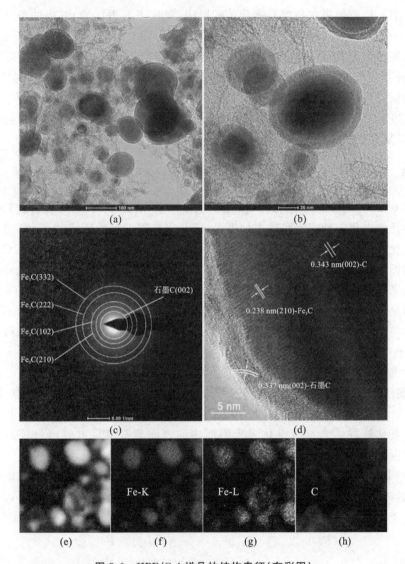

图 9-6　HPF/C-4 样品的结构表征(有彩图)

(a)普通透射电镜图像(标尺 100 nm);(b)普通透射电镜图像(标尺 20 nm);(c)选区衍射图样;
(d)高分辨透射电镜图像;(e)元素分析图;(f)Fe-K 元素映射图像;(g)Fe-L 元素映射图像;
(h)C 元素映射图像

到了 XPS 光谱信号的支撑。金属颗粒的选区电子衍射(SAED)图像如图 9-6(c)所示,衍射环代表了晶体材料的米勒指数,分别对应于 Fe_3C 的(332)、(222)、(102)和(210)晶面,以及石墨碳的(002)晶面。如图 9-6(d)所示,HRTEM 图像显示了清晰的晶格条纹,其中晶格间距为 0.238 nm 的条纹可以归属为 Fe_3C 的(210)晶面[42,43]，Fe_3C 被包裹在高度石墨化的碳层中，对应于石墨(002)晶面的条纹距离为 0.337 nm[44]。此外，HPF/C-4 的元素映射图像如图 9-6(e)～图 9-6(h)所示，Fe 和 C 元素在整个多孔碳骨架空间中分布均匀。这样的多孔 Fe_3C/C 结构可归因于 MOF 凝胶模板的热解，在此过程中，包覆有碳片的金属 Fe 颗粒首先形成，并进一步催化碳材料，逐渐衍生出 Fe_3C/C 复合结构[45]。结合 XRD、XPS、SEM、TEM 和 HRTEM 结果，我们认为以水溶性盐和凝胶态 MOF 为模板，能成功制备目标产物 HPF/C 复合材料。

9.3.3　HPF/C 复合材料的电化学性能研究

在 6 mol/L KOH 电解液中，采用三电极体系，研究了 HPF/C 复合材料用于超级电容器的电化学性能。科研工作者已证明，当暴露于碱性环境时，Fe_3C 会不可逆地被氧化成 Fe_3O_4（$Fe_3C \longrightarrow Fe^{3+}/Fe^{2+}$）[46-48]。在我们的研究中，HPF/C 的前 5 条连续循环伏安曲线也证实了这一点，如图 9-7(a)所示。Fe_3C 的初始宽峰在几次循环后迅速消失，形成了稳定对称的氧化还原峰，这对应于新形成的 Fe_3O_4 的可逆法拉第反应。值得指出的是，碳封装型结构的这种有趣的原位转变现象，不仅有利于获得与 Fe_3O_4 有关的新结构，而且这种可以简单快速激活新结构的材料制备方法，对于一些必须在将材料组装到器件以后再进行原位转换的应用也是十分必要的[46]。如图 9-7(b)所示，在 $-1.1\sim0$ V（参比电极为 Hg/HgO）的工作电压窗口内，收集了 HPF/C-4 在 5 mV·s^{-1} 到 50 mV·s^{-1} 的扫描速率下的循环伏安曲线。其中，在 -1 V 和 -0.7 V 左右观察到了还原峰和氧化峰，二者分别对应于 Fe^{2+} 和 Fe^{3+} 的转化过程[48]。结合电化学吸附产生的表面型双电层电容（EDLC），该电极材料的电荷存储机制可归结为以下两个过程：

（1）非法拉第充电过程，由外部吸附、相界面上的吸附和电解液中的扩散过程引起，具体包括 K^+ 在氧化铁和碳表面的电化学吸附与解离。这个过程可以用以下反应式来描述[49]：

$$(Fe_3O_4)_{surface} + K^+ + e^- \longleftrightarrow [(Fe_3O_4)^- K^+]_{surface} \tag{9-1}$$

$$C_{surface} + K^+ + e^- \longleftrightarrow [(C)^- K^+]_{surface} \tag{9-2}$$

（2）法拉第氧化还原反应过程，被认为是扩散控制型电容的主要来源。在这个过程中，电荷可以通过可逆的氧化还原反应进行储存和释放，Fe 金属中心的化合价态随着 Fe_3O_4 与 $Fe(OH)_2$ 之间的相变发生变化[48]。反应过程可以用以下方程来描述：

$$Fe_3O_4 + 4H_2O + 2e^- \longleftrightarrow 3Fe(OH)_2 + 2OH^- \tag{9-3}$$

HPF/C-4 在不同电流密度下的 GCD 曲线如图 9-7(c)所示。可见，所有曲线均具有良好的对称性，且与 CV 曲线的结论一致，表明电极材料具有良好的电容性和循环可逆性。

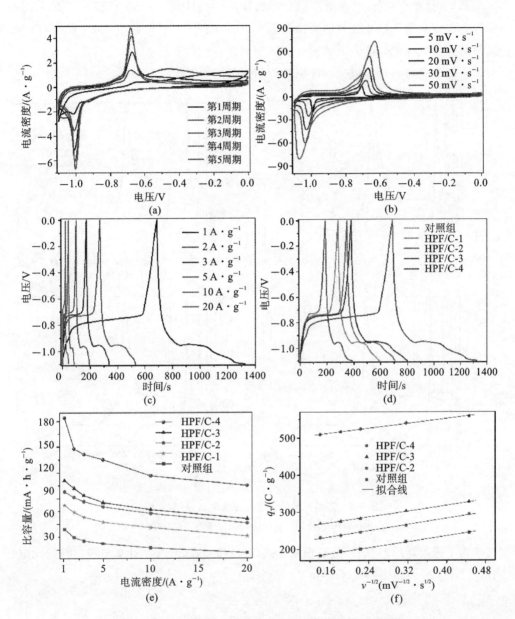

图 9-7　不同样品在三电极体系中的电化学性能(有彩图)

(a)在 1 mV・s^{-1} 扫描速度下,HPF/C-4 初始 5 个周期的循环伏安曲线;(b)不同扫描速率下的循环伏安曲线;(c)不同电流密度下的恒电流充放电曲线;(d)电流密度为 1 A・g^{-1} 时不同样品的恒电流充放电曲线对比;(e)比容量与电流密度对应关系;(f)总电量(q_{T})与 $v^{-1/2}$ 的线性关系此外,如图 9-8 所示,在对照组样品、HPF/C-1、HPF/C-2 和 HPF/C-3 的 GCD 曲线中也观察到了这些优异的特征。图 9-7(d)比较了所有样品在 1 A·g^{-1} 电流密度下的充放电性能。除充电时间有所区别以外,所有曲线的基本轮廓变化不大,这与该系列复合材料化学成分相同但物理结构不同的事实相吻合。

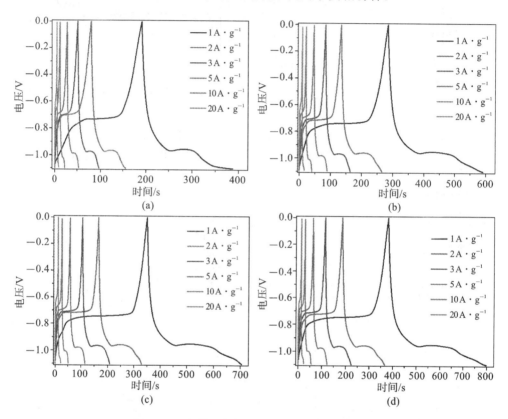

图 9-8 不同样品的恒电流充放电曲线(有彩图)

(a)对照组;(b)HPF/C-1 样品;(c)HPF/C-2 样品;(d)HPF/C-3 样品

为了进行详细的比较,分别根据公式(9-4)和公式(9-5)$^{[31]}$计算电极材料的比电容(C_{sp},F·g^{-1})和比容量(Q_{sp},mA·h·g^{-1}):

$$C_{sp} = \frac{I \cdot \Delta t}{m \cdot \Delta V} \tag{9-4}$$

$$Q_{sp} = \frac{I \cdot \Delta t}{3.6m} \tag{9-5}$$

式中,I、Δt、ΔV、m 分别表示施加电流(单位为 A)、放电时间(单位为 s)、工作电压窗口(单位为 V)、活性物质的质量(单位为 g)。Q_{sp} 随电流密度变化的趋势如图 9-7(e)所示,C_{sp} 与电流密度之间的关系如图 9-9 所示。

如图 9-9 所示,HPF/C-4 在不同电流密度下的 Q_{sp}、C_{sp} 值依次为 184.1 mA·h·g^{-1}、602.3 F·g^{-1},147.8 mA·h·g^{-1}、483.6 F·g^{-1},141.4 mA·h·g^{-1}、462.8 F·g^{-1},135.1 mA·h·g^{-1}、442.2 F·g^{-1},116.3 mA·h·g^{-1}、380.5 F·g^{-1},104.8 mA·h·g^{-1}、343.1 F·g^{-1},其表现优于大多数已报道的 Fe$_3$C 基超级电容器电极材料。另外,从对照组到 HPF/C-4,Q_{sp} 和 C_{sp} 均随比表面积的增大呈上升趋势。对照组样品在 1 A·g^{-1} 下的最大 Q_{sp} 是 53.8 mA·h·g^{-1},最大 C_{sp} 是 176.2 F·g^{-1},不到 HPF/C-4 的 1/3。

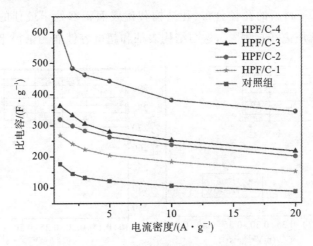

图 9-9　不同样品的比电容与电流密度之间的关系(有彩图)

为了进一步了解孔隙结构对电极动力学机制的影响,我们在 Ardizzone 等人[50]工作的基础上,采用了定量分析的研究方法。动力学分析的主要思想是电极材料的总电量(q_T)可以被分为两个部分:(1)电容型电量(q_c),与 EDLC 和赝电容相关;(2)扩散控制型电量(q_d),主要由扩散过程控制。基于这个理论,q_c 与扫描速率(v)无关,q_d 却依赖于扫描速率。因此根据扩散定律,q_T 可以表示为扩散时间的函数,其中 k 为常数[51]:

$$q_T = q_c + q_d = q_c + kv^{-1/2} \qquad (9\text{-}6)$$

根据 q_T 对 $v^{-1/2}$ 的直线,可以将 v 外推到无穷大,从而得到 y 轴截距即为 q_c。如图 9-7(f)所示,所选样品的 q_T 和 $v^{-1/2}$ 之间存在线性关系。我们没有对 HPF/C-1 样品进行拟合,因为它与对照组样品具有相似的多孔形态,并没有结构优越性。此外,我们选择在 5~50 mV·s^{-1} 范围内进行绘图,是由于公式(9-6)忽略了极化效应,而在高扫描速率下可能导致线性结果出现偏差。

由图 9-10 所示的拟合结果可知，对照组样品、HPF/C-2 和 HPF/C-3 的表面电容型电量（y 轴截距）分别为 155.7 C・g^{-1}、199.7 C・g^{-1} 和 240.0 C・g^{-1}。其中，HPF/C-4 的表面电容型电量最高，为 486.5 C・g^{-1}。图 9-11 所示为扩散控制型电量和电容型电量的分布，可以清楚地看出电容型电量大于扩散控制型电量，且随着扫描速率的增加，电容型电量所占比例逐渐增加。值得注意的是，在 50 mV・s^{-1} 下，电容型过程对 HPF/C-4 存储容量的贡献度约为 95.6%，高于对照组样品（~85.2%）、HPF/C-2（~86.3%）和 HPF/C-3（~89.1%）。即使在 5 mV・s^{-1} 的较慢扫描速度下，HPF/C-4 的电容型电量也占到了总电量的 87.1%。这一结果充分表明，HPF/C-4 材料的孔径分布、孔结构和比表面积都处于最佳的状态，其孔结构更容易被电解质离子接触[52]，这与结构表征和超电容性能测试得出的结论一致。

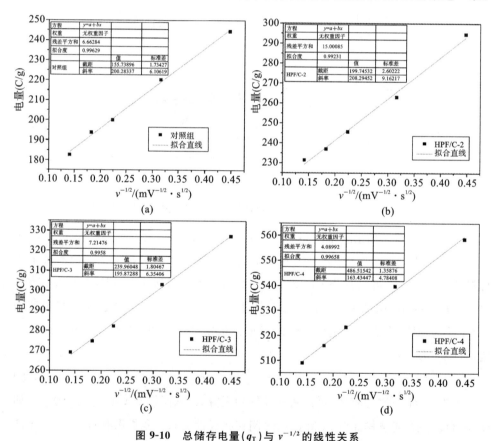

图 9-10　总储存电量（q_T）与 $v^{-1/2}$ 的线性关系

（a）对照组；（b）HPF/C-2 样品；（c）HPF/C-3 样品；（d）HPF/C-4 样品

为了验证上述研究结果，我们根据 Nyquist 图和相应的等效电路图研究了电极

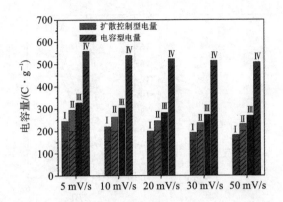

图 9-11 在不同扫描速率下,不同样品中电容型电量与扩散控制型电量的比例分布柱状图(有彩图)

Ⅰ—对照组;Ⅱ—HPF/C-2 样品;Ⅲ—HPF/C-3 样品;Ⅳ—HPF/C-4 样品

的电化学阻抗分布信息,如图 9-12 所示。众所周知,Nyquist 图中实轴的截距、高频区的半圆、低频区的直线斜率分别与等效串联电阻(R_s)、电荷转移电阻(R_{ct})和 Warburg 阻抗(R_w)有关。考虑到实际 EIS 测试中的频散现象[53],我们引入两个恒相位元件(CPE)对 Nyquist 曲线进行拟合。对照组样品、HPF/C-2、HPF/C-3 和 HPF/C-4 的 R_s 值分别为 1.06 Ω、1.20 Ω、1.28 Ω 和 1.43 Ω,说明随着孔隙度的增加,R_s 值有增大的趋势,这可能是由于工作电极与参比电极之间的空隙发生了不必要的变化。电荷转移电阻 R_{ct} 与电极的多孔性相关,与高频区半圆的直径成正比。HPF/C-2、HPF/C-3 和 HPF/C-4 复合电极的 R_{ct} 值分别为 0.828 Ω、0.596 Ω、0.520 Ω 和 0.321 Ω,表明 HPF/C-4 在电极/电解质界面具有最佳的电荷转移动力学性能。这一发现也可以支撑电极动力学研究的结论,即 HPF/C-4 电极具有最大比例的电容型电量。此外,由离子扩散产生的 Warburg 阻抗可以通过低频区直线的斜率来研究。在多孔电极体系中,孔径分布是影响扩散阻力的关键因素。不同孔径的孔隙由于穿透深度的不同,会导致交流阻抗频率的发散。因此,采用 CPE1 模拟 Warburg 阻抗在中频域的斜率变化,采用 CPE2 模拟 Warburg 阻抗在低频域的斜率变化。根据拟合结果,HPF/C-4 电极的 R_w 值最低,为 3.37 mΩ,表明该结构中多种尺寸孔隙之间具有良好的交互作用和丰富的可达通道[10,52,53]。结合以上讨论,我们认为这种碳包覆的 HPS 结构可能具有以下优点:(1)大孔隙可以作为相互连接的离子缓冲层,快速存储初始电解质,提高表面润湿性;(2)介孔可提供易于连通的通道,降低电荷转移阻力;(3)碳基质的互联网络在提供电子传输通道与离子扩散路径方面发挥着重要作用。

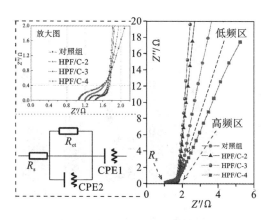

图 9-12　电极的电化学阻抗性能（有彩图）

左上方插图为放大的高频区，左下方插图为

等效电路图，右侧图为不同电极材料的 Nyquist 图

9.3.4　以海水替代 Nacl 溶液用于制备分级孔碳材料

　　通过以上研究，我们认识到 NaCl 可以作为协同制备 HPS 结构的良好添加剂。为了验证这一策略的商业价值，我们研究了以海水作为添加剂代替 NaCl 溶液的可能性，因为海水廉价易得且富含金属成分。在一个典型的实验中，原液海水在过滤不溶性物质后，替代 NaCl 溶液加入 MOF 凝胶模板，并采用与 HPF/C 系列相同的处理工艺来制备 HPC 材料。如图 9-13(a) 和图 9-13(b) 所示，从 SEM 图像可以看出，HPC 的形貌和微观结构与 HPF/C 非常相似，即基体是完全相互连接的纳米片组装体，具有典型的三维多孔网络，含有大量微米级大孔，纳米片网络壁呈介孔结构。这种独特的结构具有 $508.4 \, \text{m}^2 \cdot \text{g}^{-1}$ 的比表面积。如图 9-14(a) 所示，在 p/p_0 为 0.5～1.0 的范围内可以观察到典型的滞回线，表明介孔结构的存在。此外，还可以观察到多种尺寸的孔隙，如图 9-13(b) 所示，这与 HPF/C 系列材料相似。此外，如图 9-13(c) 所示，在 TEM 图像中可以看到腐蚀的大孔框架。放大的 TEM 图像进一步揭示了大孔和纳米片壁中介孔的分布状况，如图 9-13(d) 所示。碳材料具有多种不同的形态，例如石墨碳、晶体碳、缺陷碳和无定形碳，我们通过拉曼光谱对此进行了甄别。

　　如图 9-14(b) 所示，在 $1342 \, \text{cm}^{-1}$、$1588 \, \text{cm}^{-1}$、$2695 \, \text{cm}^{-1}$ 和 $2866 \, \text{cm}^{-1}$ 处的拉曼峰分别归属于典型的 D 带、G 带、2D 带和 D+G 带特征。D 带和 G 带与 sp² 碳的无序性和结晶度有关，而 2D 带和 D+G 带与壳层碳的存在有关，这可能对应于 Fe 催化的洋葱状石墨碳[54]。上述结果表明，HPC 是一种很有前景的超级电容器电极材

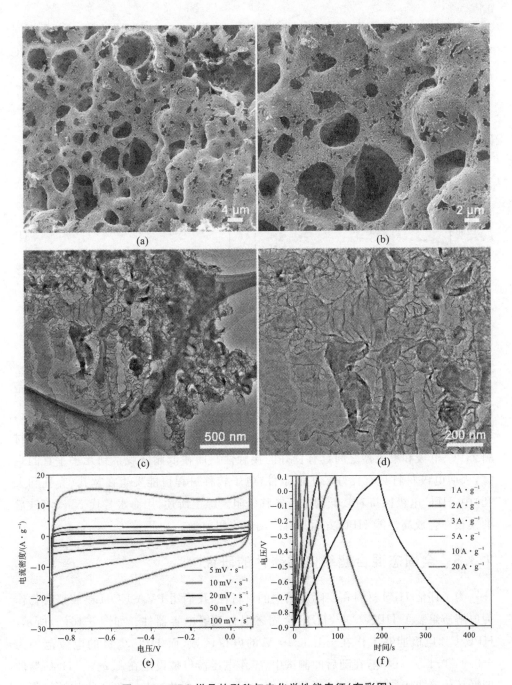

图 9-13　HPC 样品的形貌与电化学性能表征(有彩图)

(a)扫描电镜图像(标尺 4 μm);(b)扫描电镜图像(标尺 2 μm);(c)透射电镜图像(标尺 500 nm);

(d)透射电镜图像(标尺 200 nm);(e)不同扫描速率下的循环伏安曲线;(f)不同电流密度下的恒电流充放电曲线

料。我们进一步考察了 HPC 的电化学性能。如图 9-13(e)所示,HPC 电极在不同扫描速率(5～100 mV·s^{-1})下的 CV 曲线呈类矩形轮廓。如图 9-13(f)所示,HPC 电极在不同的电流密度(1～20 A·g^{-1})下的 GCD 曲线呈现良好的对称性。

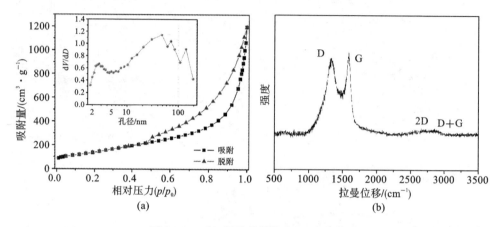

图 9-14　HPC 样品的结构分析(有彩图)

(a)氮气吸附/脱附等温线,插图为对应的孔径分布图;(b)拉曼光谱

由公式(9-4)计算可得,HPC 在电流密度为 1 A·g^{-1} 条件下的比电容可达208.8 F·g^{-1};如图 9-15(a)所示,在 20 A·g^{-1} 的高电流密度下,HPC 的比电容仍能保持在 138.0 F·g^{-1}(约为 1 A·g^{-1} 时的 66.1%)。此外,如图 9-15(b)所示,Nyquist 图显示 HPC 电极材料的 R_s 约为 0.92 Ω,较低的等效串联电阻表明活性材料 HPC、电极和集流器之间具有良好的接触性。而在低频区观察到几乎垂直的直线,表明电极材料具有良好的扩散条件,电子转移过程可能发生在宽孔(介孔和大孔)中,HPC 电极保持着较低的电荷转移电阻。综上所述,用海水替代 Nacl 溶液后的模板在合成高性能 HPC 方面具有广阔的应用前景。

9.3.5　全固态混合超级电容器件的研究

为了评估 HPS 材料在实际应用中的可行性,我们用 PVA-KOH 凝胶聚合物作为电解质组装了 HPF/C-4//HPC 全固态混合超级电容器件。如图 9-16(a)所示,HPF/C-4 电极能够工作在 −1.1～0 V 的电位区域,而 HPC 电极的电位范围为 −0.9～0.1 V。因此,在随后的测试中,工作电压窗口被设定在 1.2 V。HSC 器件的循环伏安曲线如图 9-16(b)所示,从图中可以观察到几个与铁氧化物相关的氧化还原峰。在不同的扫描速率下,CV 曲线的形状无明显变化,这表明 HSC 器件具有较快的充放电行为,且具有良好的电化学可逆性。如图 9-16(c)所示,在不同电流

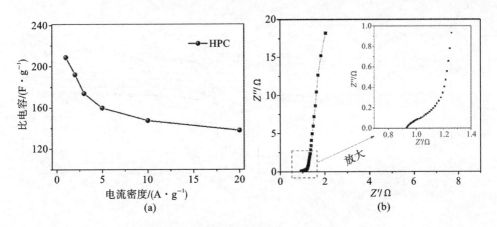

图 9-15　HPC 样品的电化学性能

(a)比电容随电流密度的变化关系;(b)HPC 的 Nyquist 图

密度下的恒电流充放电曲线进一步证实了这种良好的可逆性。图 9-16(c)中所有充放电曲线均具有良好的对称性和缓坡性,这表明该电容器件具有良好的容量特性和良好的电化学可逆性。HSC 器件的比电容和比容量分别根据公式(9-4)和公式(9-5)计算得到,如图 9-16(d)所示,在电流密度为 1 A・g^{-1}、2 A・g^{-1}、3 A・g^{-1}、5 A・g^{-1}、10 A・g^{-1}和 20 A・g^{-1}的条件下,器件的 $Q_{sp}(C_{sp})$值依次为 51.1 mA・h・g^{-1}(153.2 F・g^{-1})、41.6 mA・h・g^{-1}(124.8 F・g^{-1})、35.7 mA・h・g^{-1}(107.1 F・g^{-1})、32.6 mA・h・g^{-1}(97.9 F・g^{-1})、29.7 mA・h・g^{-1}(89.2 F・g^{-1})和 25.8 mA・h・g^{-1}(77.5 F・g^{-1})。即使在 20 A・g^{-1}的高电流密度下,器件的比容量仍能够保持其最大值的 50.6%,表明 HSC 器件具有良好的倍率性能。根据公式 $E=1/2C_{sp}(V)^2$ 和 $P=E/\Delta t$ 可以分别计算出器件的能量密度和功率密度,对应得到的拉贡曲线如图 9-16(e)所示。HPF/C-4//HPC 器件提供了约 30.6 W・h・kg^{-1}的最大能量密度(此时功率密度为 600 W・kg^{-1}),即使在 12000 W・kg^{-1}的高功率密度下,该器件的能量密度仍然能够保持在 15.5 W・h・kg^{-1}。

HPF/C-4//HPC 器件的表现优于已报道的 Fe$_3$C 基超级电容器件,包括 Fe/Fe$_3$C//AC(6.5 W・h・kg^{-1},11800 W・kg^{-1})[51]、Fe-N@C-800//Fe-N@C-800(15.4 W・h・kg^{-1},225 W・kg^{-1})[55]和 h-CNF/CNS//Fe$_3$C@Fe$_3$O$_4$(8.3 W・h・kg^{-1},1000 W・kg^{-1})[56]等。所组装的电容器件的性能甚至优于许多其他 Fe 基超级电容器件,包括 Fe$_3$O$_4$/Fe/C//NPC(17.5 W・h・kg^{-1},388.8 W・kg^{-1})[57]、Fe$_3$O$_4$@carbon nanosheet//CPY(18.3 W・h・kg^{-1},351 W・kg^{-1})[58]、Fe$_3$O$_4$/Fe-CNTs//AC(29.9 W・h・kg^{-1},897 W・kg^{-1})[59]、α-Fe$_2$O$_3$/graphene//graphene nanosheets(25.6 W・h・kg^{-1},347 W・kg^{-1})[60]、α-Fe$_2$O$_3$ NRs//MnO$_2$(7.9 W・

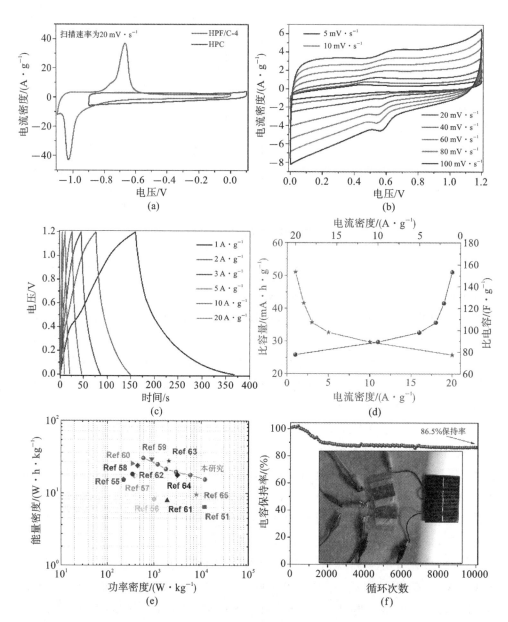

图 9-16　固态超级电容器件的电化学性能（有彩图）

(a)三电极体系中,HPF/C-4 和 HPC 电极在 20 mV·s⁻¹扫描速率下的循环伏安曲线;(b)当工作电压为
1.2 V 时,器件在不同扫描速率下的循环伏安曲线;(c)器件在不同电流密度下的恒电流充放电曲线;
(d)器件的比容量和比电容与电流密度的关系;(e)不同研究结果的拉页曲线对比图;(f)器件的循环稳定
性能,插图显示的是经太阳能板充电的器件的照片,及其点亮一个 LED 灯泡的演示图

$h \cdot kg^{-1}$,1918 W $\cdot$ kg^{-1})[61]、MnO_2//FeOOH(24 W $\cdot$ h $\cdot$ kg^{-1},450 W $\cdot$ kg^{-1})[62]、Ni(OH)$_2$//rGO/FeS(27.9 W $\cdot$ h $\cdot$ kg^{-1},2090 W $\cdot$ kg^{-1})[63]、TiN@GNS//Fe$_2$N@GNS(17.8 W $\cdot$ h $\cdot$ kg^{-1},3200 W $\cdot$ kg^{-1})[64]和 Cr$_2$O$_3$/C//Fe$_x$O$_y$/C(9.6 W $\cdot$ h $\cdot$ kg^{-1},8000 W $\cdot$ kg^{-1})[65]等。在 5 A $\cdot$ g^{-1} 的电流密度下采用恒电流充放电技术进行循环稳定性实验,如图 9-16(f)所示,经过 10000 次循环测试,该 HSC 器件的电容量仍保持了原始容量的 86.5%,证明了其由于采用碳封装方式而具有优异的循环稳定性。此外,如图 9-16(f)的插图所示,我们还串联了两个全固态 HSC 器件,使用小型太阳能电池板将其充电到 2.4 V 后,电路中红色的发光二极管指示灯(LED)被点亮,进一步验证了 HPF/C-4//HPC HSC 器件的实际应用性。因此,有理由认为利用 MOF 凝胶和水溶性无机盐制备 HPS 材料是一种简单而有效的策略。

9.4　本章小结

我们开发了一种新颖而简单的方法,即利用 MOF 凝胶和 NaCl 作为结构导向模板来制备具有分级多孔结构的超级电容器电极材料。通过煅烧含有 NaCl 的 MOF 凝胶模板,再通过简单水洗过程去除 NaCl,可以得到具有多孔结构的衍生物,进一步,控制 NaCl 的添加量可以使产物具备分级多孔结构。利用该方法制备的 HPF/C 复合材料,具有 184.1 mA $\cdot$ h $\cdot$ g^{-1}(602.3 F $\cdot$ g^{-1})的高比容量。根据 NaCl 辅助制备策略,拓展开发了以海水替代 NaCl 溶液的 MOF 凝胶制备方法,并制备得到了 HPC 材料。此外,我们组装的全固态 HSC 器件(HPF/C-4//HPC)具有 30.6 W $\cdot$ h $\cdot$ kg^{-1} 的高能量密度和 12000 W $\cdot$ kg^{-1} 的高功率密度,且经过 10000 次循环后容量保持率大于 86.5%。本项研究工作有望开辟利用 MOF 凝胶和水溶性盐设计分级多孔电极材料的新途径,并为 MOF 凝胶和海水的高效利用奠定基础。

本章参考文献

[1] LIU Y Y,XU L,GUO X T,et al. Vanadium sulfide based materials:synthesis,energy storage and conversion[J]. Journal of Materials Chemistry A,2020,8:20781-20802.

[2] LI G N,ZHENG K T,LI W S,et al. Ultralow Ru-induced bimetal electrocatalysts with a Ru-enriched and mixed-valence surface anchored on a hollow carbon matrix for oxygen reduction and water splitting[J]. ACS Applied Materials & Interfaces,2020,12:51437-51447.

[3] CHENG Y,XIAO X,GUO X W,et al. Synthesis of "Quasi-Ce-MOF" electrocatalysts for

enhanced urea oxidation reaction performance[J]. ACS Sustainable Chemistry & Engineering, 2020,8:8675-8680.

[4] YANG W,LI R,JIANG B, et al. Production of hierarchical porous carbon nanosheets from cheap petroleum asphalt toward lightweight and high-performance electromagnetic wave absorbents[J]. Carbon,2020,166:218-226.

[5] SONG P,TAO J,HE X M, et al. Silk-inspired stretchable fiber-shaped supercapacitors with ultrahigh volumetric capacitance and energy density for wearable electronics[J]. Chemical Engineering Journal,2020,386:124024.

[6] ZHAO X J,WAN H Z,LIANG P,et al. Favorable anion adsorption/desorption of high rate $NiSe_2$ nanosheets/hollow mesoporous carbon for battery-supercapacitor hybrid devices[J]. Nano Research,2020,1-10.

[7] TAN Q Y,CHEN X,WAN H Z,et al. Metal-organic framework-derived high conductivity Fe_3C with porous carbon on graphene as advanced anode materials for aqueous battery-supercapacitor hybrid devices[J]. Journal of Power Sources,2020,448:227403.

[8] SONG P,HE X M,SHEN X P,et al. Dissolution-assistant all-in-one synthesis of N and S dual-doped porous carbon for high-performance supercapacitors [J]. Advanced Powder Technology,2019,30:2211-2217.

[9] LIU H J,WANG J,WANG C X,et al. Ordered hierarchical mesoporous/microporous carbon derived from mesoporous titanium-carbide/carbon composites and its electrochemical performance in supercapacitor[J]. Advanced Energy Materials,2011,1:1101-1108.

[10] ESTEVEZ L,PRABHAKARAN V,GARCIA A L, et al. Hierarchically porous graphitic carbon with simultaneously high surface area and colossal pore volume engineered via ice templating[J]. ACS Nano,2017,11:11047-11055.

[11] JI J,WAN H Z,ZHANG B,et al. $Co^{2+/3+/4+}$-regulated electron state of Mn-O for superb aqueous zinc-manganese oxide batteries [J]. Advanced Energy Materials, 2020, 11(6):2003203.

[12] JIANG A N,WANG Z G,LI Q, et al. Ionic liquid-assisted synthesis of hierarchical one-dimensional MoP/NPC for high-performance supercapacitor and electrocatalysis[J]. ACS Sustainable Chemistry & Engineering,2020,8:6343-6351.

[13] BORCHARDT L,LEISTENSCHNEIDER D,HAASE J,et al. Revising the concept of pore hierarchy for ionic transport in carbon materials for supercapacitors[J]. Advanced Energy Materials,2018,8:1800892.

[14] WANG J,TANG J,DING B,et al. Hierarchical porous carbons with layer-by-layer motif architectures from confined soft-template self-assembly in layered materials [J]. Nature Communication,2017,8:15717.

[15] LIU T Y,ZHANG F,SONG Y, et al. Revitalizing carbon supercapacitor electrodes with hierarchical porous structures[J]. Journal of Materials Chemistry A,2017,5:17705-17733.

[16] ZHU R M,DING J W,YANG J P,et al. Quasi-ZIF-67 for boosted oxygen evolution reaction

catalytic activity via a low temperature calcination[J]. ACS Applied Materials & Interfaces, 2020,12:25037-25041.

[17] WANG C,SONG Z H,WAN H Z,et al. Ni-Co selenide nanowires supported on conductive wearable textile as cathode for flexible battery-supercapacitor hybrid devices[J]. Chemical Engineering Journal,2020,400:125955.

[18] ZHAO X, KONG X P, WANG F L, et al. Metal sub-nanoclusters confined within hierarchical porous carbons with high oxidation activity[J]. Angewandte Chemie,2021,133 (19):10937-10944.

[19] ZHU J,SHEN X P,KONG L R,et al. MOF derived CoP-decorated nitrogen-doped carbon polyhedrons/reduced graphene oxide composites for high performance supercapacitors[J]. Dalton Transactions,2019,48:10661-10668.

[20] CAO S,LI B,ZHU R M,et al. Design and synthesis of covalent organic frameworks towards energy and environment fields[J]. Chemical Engineering Journal,2019,355:602-623.

[21] ZHANG S H, XIA W, YANG Q, et al. Core-shell motif construction: highly graphitic nitrogen-doped porous carbon electrocatalysts using MOF-derived carbon@COF heterostructures as sacrificial templates[J]. Chemical Engineering Journal,2020,396:125154.

[22] BROUSSE T,BÉLANGER D, LONG J W. To be or not to be pseudocapacitive? [J]. Journal of the Electrochemical Society,2015,162:A5185-A5189.

[23] BALDUCCI A,BELANGER D, BROUSSE T, et al. Perspective-a guideline for reporting performance metrics with electrochemical capacitors:From electrode materials to full devices [J]. Journal of the Electrochemical Society,2017,164:A1487-A1488.

[24] GAN Y, WANG C, CHEN X, et al. High conductivity $Ni_{12}P_5$ nanowires as high-rate electrode material for battery-supercapacitor hybrid devices [J]. Chemical Engineering Journal,2020,392:123661.

[25] WANG Y,SANG S Y,ZHU W,et al. CuNi@C catalysts with high activity derived from metal-organic frameworks precursor for conversion of furfural to cyclopentanone [J]. Chemical Engineering Journal,2016,299:104-111.

[26] XIE Q S, ZHAO Y, GUO H Z, et al. Facile preparation of well-dispersed CeO_2-ZnO composite hollow microspheres with enhanced catalytic activity for CO oxidation[J]. ACS Applied Materials & Interfaces,2014,6(1):421-428.

[27] SANATI S,ABAZARI R, ALBERO J, et al. Metal-organic framework derived bimetallic materials for electrochemical energy storage[J]. Angewandte Chemie, 2021, 133 (20): 11148-11167.

[28] MA J Y,GUO X T,YAN Y,et al. FeO_x-based materials for electrochemical energy storage [J]. Advanced Science,2018,5:1700986.

[29] ZHENG S S,LI X R, YAN B Y, et al. Transition-metal(Fe,Co, Ni) based metal-organic frameworks for electrochemical energy storage [J]. Advanced Energy Materials, 2017, 7:1602733.

[30] XIANG S L,LI L,ZHANG J Y,et al. Porous organic-inorganic hybrid aerogels based on Cr^{3+}/Fe^{3+} and rigid bridging carboxylates[J]. Journal of Materials Chemistry,2012,22(5): 1862-1867.

[31] ZHANG Y D,DING J F,XU W,et al. Mesoporous $LaFeO_3$ perovskite derived from MOF gel for all-solid-state symmetric supercapacitors[J]. Chemical Engineering Journal,2020, 386:124030.

[32] HORCAJADA P,SURBLÉ S,SERRE C,et al. Synthesis and catalytic properties of MIL-100(Fe),an iron(iii) carboxylate with large pores[J]. Chemical Communications,2007,27: 2820-2822.

[33] FEDOROVSKAYA E O, BULUSHEVA L G, KURENYA A G, et al. Supercapacitor performance of vertically aligned multiwall carbon nanotubes produced by aerosol-assisted CCVD method[J]. Electrochimica Acta,2014,139:165-172.

[34] QIAO X C,JIN J J,LUO J M, et al. In-situ formation of N doped hollow graphene nanospheres/CNTs architecture with encapsulated $Fe_3C@C$ nanoparticles as efficient bifunctional oxygen electrocatalysts [J]. Journal of Alloys and Compounds, 2020, 828:154238.

[35] NIU Y C,LI X A,DONG W Q,et al. Synthesis of N-doped carbon with embedded Fe/Fe_3C particles for microwave absorption[J]. Journal of Materials Science,2020,55:11970-11983.

[36] CAI B,FENG J F,PENG Q Y,et al. Super-fast degradation of high concentration methyl orange over bifunctional catalyst $Fe/Fe_3C@C$ with microwave irradiation[J]. Journal of Hazardous Materials,2020,392:122279.

[37] GHANBARLOU H, NASERNEJAD B, NIKBAKHT F M, et al. Synthesis of an iron-graphene based particle electrode for pesticide removal in three-dimensional heterogeneous electro-Fenton water treatment system[J]. Chemical Engineering Journal,2020,395:125025.

[38] CHEN D J,FENG C,HAN Y P,et al. Origin of extra capacity in the solid electrolyte interphase near high-capacity iron carbide anodes for Li ion batteries [J]. Energy & Environmental Science,2020,13:2924-2937.

[39] KOHILA R K,KARUPPIAH C,WANG S F,et al. Direct pyrolysis and ultrasound assisted preparation of N,S co-doped graphene/Fe_3C nanocomposite as an efficient electrocatalyst for oxygen reduction and oxygen evolution reactions [J]. Ultrasonics Sonochemistry, 2020, 66:105111.

[40] PENG H,ZHANG M R,SUN K J,et al. Nitrogen-doped carbon nanoflowers with in situ generated Fe_3C embedded carbon nanotubes for efficient oxygen reduction electrocatalysts [J]. Applied Surface Science,2020,529:147174.

[41] YU S,XING G L,CHEN L H,et al. Crystalline porous organic salts:From micropore to hierarchical pores[J]. Advanced Materials,2020,32:2003270.

[42] DU X D,FU W Y,SU P,et al. Internal-micro-electrolysis-enhanced heterogeneous electro-Fenton process catalyzed by $Fe/Fe_3C@PC$ core-shell hybrid for sulfamethazine degradation

[J]. Chemical Engineering Journal,2020,398:125681.

[43] ZHANG M,GUO Y,WEI Y H,et al. Integrating conductivity and active sites:Fe/Fe₃C@ GNC as an trapping-catalyst interlayer and dendrite-free lithium host for the lithium-sulfur cell with outstanding rate performance[J]. Journal of Materials Chemistry A,2020,8:18987-19000.

[44] WANG H,YIN F X,LIU N,et al. Engineering Fe-Fe₃C@Fe-N-C active sites and hybrid structures from dual metal-organic frameworks for oxygen reduction reaction in H₂-O₂ fuel cell and Li-O₂ battery[J]. Advanced Functional Materials,2019,29:1901531.

[45] ZHANG Y T,WANG P,YANG J,et al. Fabrication of core-shell nanohybrid derived from iron-based metal-organic framework grappled on nitrogen-doped graphene for oxygen reduction reaction[J]. Chemical Engineering Journal,2020,401:126001.

[46] HOU L Q,YANG W,XU X W,et al. In-situ activation endows the integrated Fe₃C/Fe@ nitrogen-doped carbon hybrids with enhanced pseudocapacitance for electrochemical energy storage[J]. Chemical Engineering Journal,2019,375:122061.

[47] UJIMINE K,TSUTSUMI A. Electrochemical characteristics of iron carbide as an active material in alkaline batteries[J]. Journal of Power Sources,2006,160:1431-1435.

[48] KHANI H,WIPF D O. Iron oxide nanosheets and pulse-electrodeposited Ni-Co-S nanoflake arrays for high-performance charge storage[J]. ACS Applied Materials & Interfaces,2017,9:6967-6978.

[49] SHI S J,ZHUANG X P,CHENG B W,et al. Solution blowing of ZnO nanoflake-encapsulated carbon nanofibers as electrodes for supercapacitors[J]. Journal of Materials Chemistry A,2013,1(44):13779-13788.

[50] ARDIZZONE S,FREGONARA G,TRASATTI S. "Inner"and"outer"active surface of RuO₂ electrodes[J]. Electrochimica Acta,1990,35:263-267.

[51] KUMAR A,DAS D,SARKAR D,et al. Supercapacitors with prussian blue derived carbon encapsulated Fe/Fe₃C nanocomposites[J]. Journal of the Electrochemical Society,2020,167(6):060529.

[52] CHEN Z,AUGUSTYN V,JIA X L,et al. High-performance sodium-ion pseudocapacitors based on hierarchically porous nanowire composites[J]. ACS Nano,2012,6:4319-4327.

[53] SAHA D,LI Y C,BI Z H,et al. Studies on supercapacitor electrode material from activated lignin-derived mesoporous carbon[J]. Langmuir,2014,30(3):900-910.

[54] LI G N,ZHANG J J,LI W S,et al. 3D interconnected hierarchical porous N-doped carbon constructed by flake-like nanostructure with Fe/Fe₃C for efficient oxygen reduction reaction and supercapacitor[J]. Nanoscale,2018,10:9252-9260.

[55] CHENG J Y,WU D L,WANG T. N-doped carbon nanosheet supported Fe₂O₃/Fe₃C nanoparticles as efficient electrode materials for oxygen reduction reaction and supercapacitor application[J]. Inorganic Chemical Communications,2020,117:107952.

[56] JU J,KIM M,JANG S,et al. 3D in-situ hollow carbon fiber/carbon nanosheet/Fe₃C@Fe₃O₄

by solventless one-step synthesis and its superior supercapacitor performance [J]. Electrochimica Acta,2017,252:215-225.

[57] MAHMOOD A,ZOU R Q,WANG Q F,et al. Nanostructured electrode materials derived from metal-organic framework xerogels for high-energy-density asymmetric supercapacitor [J]. ACS Applied Materials & Interfaces,2016,8(3):2148-2157.

[58] FAN H L,NIU R T,DUAN J Q, et al. Fe_3O_4@ carbon nanosheets for all-solid-state supercapacitor electrodes[J]. ACS Applied Materials & Interfaces,2016,8:19475-19483.

[59] SUN J K,ZAN P,YANG X J, et al. Room-temperature synthesis of Fe_3O_4/Fe-carbon nanocomposites with Fe-carbon double conductive network as supercapacitor [J]. Electrochimica Acta,2016,215:483-491.

[60] ZHANG H,GAO Q M,YANG K, et al. Solvothermally induced α-Fe_2O_3/graphene nanocomposites with ultrahigh capacitance and excellent rate capability for supercapacitors [J]. Journal of Materials Chemistry A,2015,3(44):22005-22011.

[61] LU X H,ZENG Y X,YU M H, et al. Oxygen-deficient hematite nanorods as high-performance and novel negative electrodes for flexible asymmetric supercapacitors[J]. Advanced Materials,2014,26:3148-3155.

[62] JIN W H,CAO G T,SUN J Y. Hybrid supercapacitor based on MnO_2 and columned FeOOH using Li_2SO_4 electrolyte solution[J]. Journal of Power Sources,2008,175:686-691.

[63] ZHAO C J,SHAO X X,ZHU Z Q,et al. One-pot hydrothermal synthesis of RGO/FeS composite on Fe foil for high performance supercapacitors[J]. Electrochimica Acta,2017, 246:497-506.

[64] ZHU C R,YANG P H,CHAO D L,et al. All metal nitrides solid-state asymmetric supercapacitors[J]. Advanced Materials,2015,27(31):4566-4571.

[65] FARISABADI A,MORADI M,HAJATI S,et al. Controlled thermolysis of MIL-101(Fe, Cr)for synthesis of Fe_xO_y/porous carbon as negative electrode and Cr_2O_3/porous carbon as positive electrode of supercapacitor[J]. Applied Surface Science,2019,469:192-203.